地震资料解释原理与实践

贺燕冰　井　翠　雷治安　编著

中国石化出版社

内 容 提 要

本书以我国含油气盆地的一些油气勘探实例、解释方案及模型为基础，系统阐述了地震资料解释的原理、操作模式及解释技巧。以简单的理论介绍及实例、解释方法等说明地震资料构造解释为目的，阐述了地震资料构造解释的技术方法、步骤及操作手法，并采用了一些解释实例、解释模型等来说明及加深认识；本书的目的主要是让初学者认识相关的地质及解释模型、实例，使初学者尽快了解或得到相关的解释知识及经验；本书中的实例也能使不同阶段的解释人员积累相关解释认识及经验，以期起到在相关地震资料解释中的抛砖引玉及借鉴的作用，并能在相关的地震资料解释工作中正确地实施地震资料解释，得到可靠的地震资料解释成果。

本书可供各大石油公司从事地震勘探、油气开发、软件研究的人员借鉴与参考，也可供高等院校石油地质、地球物理、石油工程及水文工程等相关专业的师生参考使用。

图书在版编目(CIP)数据

地震资料解释原理与实践／贺燕冰，井翠，雷治安编著．—北京：中国石化出版社，2023.5

ISBN 978-7-5114-7055-3

Ⅰ.①地… Ⅱ.①贺… ②井… ③雷… Ⅲ.①地震资料解释 Ⅳ.①P315.73

中国国家版本馆 CIP 数据核字(2023)第 067679 号

中国石化出版社出版发行

地址：北京市东城区安定门外大街 58 号
邮编：100011　电话：(010)57512500
发行部电话：(010)57512575
http://www.sinopec-press.com
E-mail:press@sinopec.com
北京艾普海德印刷有限公司印刷
全国各地新华书店经销

*

710 毫米×1000 毫米 16 开本 7.5 印张 168 千字
2023 年 7 月第 1 版　2023 年 7 月第 1 次印刷
定价：48.00 元

编 委 会

前　言

在油气勘探中，地球物理勘探可被视为“眼睛”，它为油气勘探提供了目标和位置。我国的油气地震勘探已经有百年的历史，成果显著。如在四川盆地的礁滩相储层勘探中，地震勘探技术给油气勘探提供了相对准确的储层深度及平面数据，这样就能为后续钻探提供目标参数，以便钻遇储层段或目标体。在对河道及火成岩储层等地质异常目标体的勘探中，也离不开地震勘探技术。特别是在非常规油气勘探中，地震勘探技术可以提供优质页岩储层的三维参数，使水平井轨迹准确地穿行于优质页岩储层段内。所以，地球物理勘探技术的发展对于油气勘探来说，无异于装上了腾飞的翅膀。

现阶段，我国油气勘探突飞猛进，在陆地及海洋都发现了许多大型油气田。这些油气勘探成果的取得，与地质认识的创新、突破及地球物理技术的飞速发展、技术手段的提高密不可分。如在塔里木盆地，地震勘探技术提供了奥陶系的油“亮点”位置，当钻井打到该“亮点”位置，一般情况下可以获得高产油气流；又如在四川盆地长兴组的礁滩相储层勘探中，地震资料所显示的礁体顶部的“亮点”强反射，也为钻探提供了优质储层的位置及钻探目标；再如在川中沙溪庙组的河道储层勘探中，河道砂体储层存在强“亮点”反射特征，也是地震资料为油气勘探指明了目标，而这些目标体的识别和获得，基本通过对地震资料进行解释后获得。地震资料解释，通俗来说，就是对经过地震资料采集、处理后的成果进行关于地质目标体识别的解释。一般情况下，地震资料解释通过层位及断层解释的方式，达到让相关勘探者理解及熟悉目标体的位置、形态等参数的目的，并指导后续地质目标体储层的预测及评价工作，为钻探提供目标参数。近年来，中国石化在相关的油气勘探区中，对于开发区基本实现了全三维地震资料覆盖，同时得益于大数据、云技术及解释新技术、新方法，充分挖掘地震资料中的信息，丰富了对地下储层的预测及评价，得到了新的勘探目标，实现了一些油田本身“挖潜”及关于油气的立体勘探。

在实际的地震资料解释中，对于某个勘探区的地震资料解释，应该是一个迭代及循环的过程。在这个过程中，更新的地震资料数据和钻井数据以及更深刻的地质认识等，都会对以前的地震资料解释成果进行更新，对目标体的识别更准确，层位、断层解释更为合理，这样就能更好地服务后续的油气勘探。所以，地震资料解释是一个地质认识及解释经验不断更新的过程，一些原地震资料解释成果随着认识的深化而得到更为精确的解释。如在一些老勘探区，多年没有突破，经过改变地质认识后，不再坚持打构造高点，而是打岩性圈闭，最后取得油气勘探的成功，获得了油气突破（如在四川盆地某油气田的勘探方式）；又如在川东南焦石坝海相页岩气勘探中，由于该地区在传统的长兴组礁滩相储层勘探中，一直没有获得突破，相关勘探者把目光转向更深层的五峰组—龙马溪组海相页岩气勘探并取得重大突破，从而发现了焦石坝海相大型油气田。所以，对于油气勘探来说，找准勘探区内的所有储层位置，确定其位置信息及形成立体勘探，对于油气勘探来说是有利的。总的来说，不是针对某一层位打一口井，失败了就放弃这个勘探区，而是要找准勘探区内的所有储层。要知道勘探区的所有储层位置信息，就必须依赖于地震资料解释成果。

对于地震资料解释来说，设定相关的解释层位及解释范围，地震资料解释员就可以开展地震资料解释工作。在地震资料解释过程中，解释员要牢记所要解释的层位反射特征（或波组组合特征等）、断层性质及形态、解释模型及两者的空间闭合情况等，这样就有助于做好相关的地震解释工作。当然，在地震资料解释工作中，必须建立相关的地震资料解释模式和工作方法（如先大解释网格后小解释网格，加密解释模式，先解释连井剖面等），复杂的断层组合及识别、解释地质异常目标体等。

今后的地震资料解释，随着地震资料数据的大量增加（或者不同类型的地震数据增加），解释工作量也会大量增加，可以通过人工智能（或结合人工监控）来实施地震资料解释。如在多波多分量的勘探中，对于同一个勘探区，有纵横波资料需要进行解释，这样就会增加解释工作量以及两种解释成果对比分析的问题。

我国相关盆地的油气勘探，具有较为典型的地质目标体及地震响应模式，值得对其进行总结及推广。本书对我国相关盆地与油气勘探的典型地震资料进行分析、研究后，再实施精细地震资料解释，以期建立相关的地震资料解释模式及解释方法，从而使地震资料解释人员更好地熟悉相关勘探区的解释方法和解释模式，更好地识别出地质目标体（以其地震响应模式来判断），减少多解性和提高地震资料解释的准确率，更好地为油气勘探服务。另外，地震资料解释成果正确与否，除了和地震资料的品质有直接关系外，还和地震资料解释人员的经验、技巧和专业水平相关，因此，有必要培养一批专业技术过硬的技术人员，提高地震资料解释的精准度或对地震资料解释进行监控。而本书则可以提供这样的材料或资料，以便相关的地震资料解释员能快速积累相关的地震资料解释经验。

鉴于中国石化、中国石油、中国海油、中国地质调查局等石油勘探及调查单位在各大盆地油气勘探的经验，本书主要收集我国国内相关单位在一些勘探研究区油气勘探中的相关地震解释资料及提出的新观点，并对相关各个勘探区域内典型的不同地震剖面解释成果进行汇总。近年来，我国相关的油气勘探部门在各大盆地陆相及海相的岩性油气藏、非常规油气勘探中（在老油区或新勘探区等），都取得了极大的成功，又发现了一大批高产的工业油气田。本书是对以往油气勘探中的地震解释过程及特点、不同时期解释结果的观点及认识等进行总结、归纳及分析，希望能起到抛砖引玉之功，更好地为我国及世界的油气勘探服务。希望广大读者了解地震资料解释的特点及相对简单的操作方法、解释技巧，使相关技术人员更早地融入油田的勘探实践中，少走弯路，积累地震资料解释经验。

本书在编写过程中，得到了中国石油及中国石化、中国海油、中国地质调查局等国内相关单位，西南石油大学、成都理工大学、中国石油大学（华东）、中国地质大学（武汉）、中国地质大学（北京）及长春大学等相关高等教育机构，以及国内相关科研单位、公司等的大力支持与协助，笔者表示衷心的感谢，也感谢为本书编撰辛勤付出的绘图人员及编辑人员。另外，本书中所涉及的基本概念和术语、地震剖面及地质剖面等图片主要引用已经出版及公开发行的文章及著作，介绍的地震方法是当前通用的技术方法，所选择的相关勘探区的地震剖面具有典型解释模式及地质体相对明显的地震响应特征。

本书共分为三章，第一章为地震资料解释概述，有助于读者简略了解地震资料解释技术及工作方法。第二章重点阐述地震资料解释技术，对地震资料精细解释实践进行展示及分析、探讨。第三章是结束语，主要是对现阶段的地震资料解释技术方法进行总结。

现阶段，对相关的地震资料解释技术进行总结和探讨，难免以偏概全，同时由于作者水平及涉及的资料有限，文中的观点或认识难免有不妥甚至错误之处，恳请读者不吝赐教。

目　　录

1　地震资料解释概述

地震资料解释就是把经过处理的地震信息变成地质成果的过程，并对工作区域作出含油气评价，提出钻探井位置等。在现阶段的地震构造解释工作中，解释者(或称为解释员)主要是面对地震剖面进行层位及断层解释。其中，所谓的地震剖面是指按观测的时间序列及CDP号排列画成的图(一般是指地震资料处理后的偏移剖面)，而时间序列是在地震反射过程中被记录下来的。总的来说，地震反射就是向地下发送一个地震信号，在观测排列上把反射回来的信号记录下来，沿着这条测线重复这个过程最后形成一个按顺序的时间序列。

现阶段的地震资料解释工作，一般是在计算机(或工作站)上进行，以人机交互的方式实施实时解释。综合分析，地震资料解释也是经历了从纸质解释到无纸解释的过程，而无纸化地震解释更能使相关的解释数据易于进行后续的储层预测工作。早期的纸质解释主要是从地震处理后输出的纸质剖面上进行的，在地震剖面上进行关于断层及层位的解释(使用相关的各种颜色的笔以示区别层位及断层)。这样的解释方式由于没有对层位及断层实施数据化，导致储层预测所需的地震层位数据及断层数据的输入相当麻烦(可以通过一定的方式实施数据转换)，并且本身的成图工作也更烦琐。无纸化地震解释则使层位及断层数据以一定的可储存的格式进行数据传输、使用，使储层预测工作更加方便、顺利地进行。另外，无纸解释主要是使用相关的解释工作站及软件，现阶段各大石油勘探公司主要使用云平台中的兰马(landmark)解释软件进行(图1-1)。在实际解释过程中，也可以将纸质解释及无纸解释相结合，从而更加准确地得到解释结果。总而言之，相关解释软件及技术的进步，推动了地震资料解释技术的发展，主要表现为：①由人工剖面解释技术发展为交互解释技术；②由二维点线解释技术发展为三维面体解释技术；③由剖面和平面显示方式发展为三维立体可视化显示及解释技术；④由单一的构造解释技术发展为复杂的多属性储层描述技术；⑤由独立的地质解释技术发展为处理解释一体化技术。

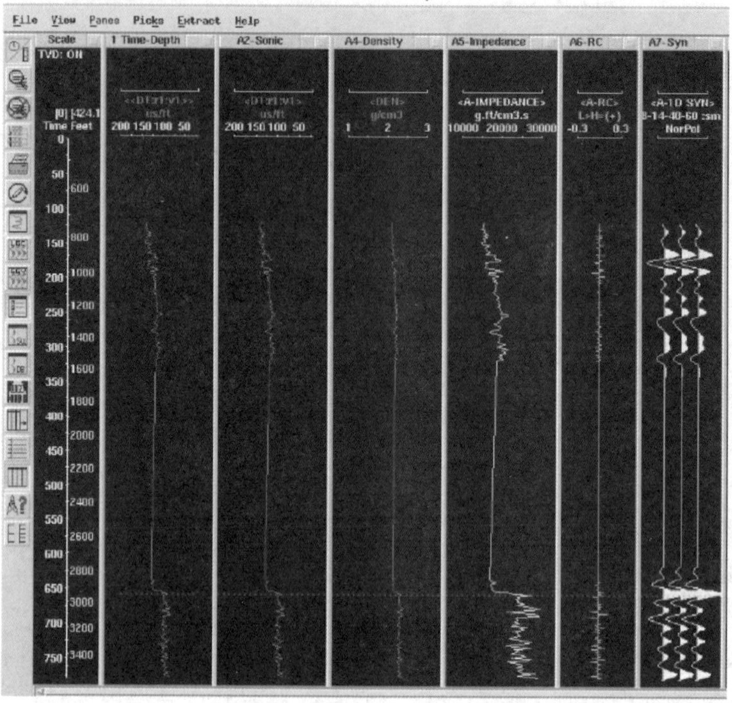

图 1-1　利用兰马解释软件进行相关层位的合成记录标定示意图

1.1　地震资料解释特点

由于地震资料解释经历了一个由简单到复杂的历史发展历程，它包含了多项技术，如解释性处理技术、构造形态描述技术、储层预测及评价技术、圈闭综合评价技术、处理解释与地质工程一体化技术等。在 20 世纪 60 年代之前，地震采集主要是采用光点地震记录仪，所得到的地震资料是一条条分开的单道地震记录，只能记录较浅部地层的很强界面的反射波(一般资料的深层由于信号弱及强干扰等造成解释结果不可靠)，这段时间的地震资料解释仅能进行常规的、简单的构造编图；在 20 世纪的 60 年代，地震采集经过发展后，以模拟地震记录为主，并采用了多次覆盖观测系统。这样，地震资料的信噪比得到了较大的提高，勘探深度增加，一些较弱的界面也能反映出来，并且可以获得速度信息，故除了进行常规构造编图外还开始了地质体(异常体)识别及岩性识别的探讨。到了 20 世纪的 70 年代，以数字地震仪采集为主，地震资料的品质得到了显著的提高，并且可以获得地震波中的多种参数，产生了地震地层学、岩性地震学、烃类检测技术和储层参数估计等技术。20 世纪 80 年代后，随着高分辨率地震勘探技术、交互式人机联作解释技术和地震反演技术取得了重大进展，地震与地质结合得更为紧密，学科朝宏观和微观发展，分别产生了层序地层学和储层地震学，地震解释形成了多学科综合的局面。近年来，随着地震采集、处理解释一体化、全三维解释、虚拟现实技术的发展，使地震解释技术更加复杂、深入和有效，更广泛地应用于油气勘探、油藏描述和油田开发过程中，也对地震资料解释人员提出了更高的要求。

总的来说，地震资料解释原则上属于反问题，即根据得到的观测结果推断地下地质方面的各种情况。但它不是通常所说的正演和反演，正演和反演都是为地震解释服务的，大体上可以认为是方法和手段。其中，解释层位的识别首先需要根据井资料和井旁地震道进行对比，从地震反射剖面上识别出特定的反射层位；井间的层位则是从井旁地震道(已知)开始进行解释层位的追踪，并对未知区域展开解释。如果地质层位是连续的，则在地震剖面上的反映大致上也会是连续的；而在发生断裂的部位——地震的同相轴通常会是断开的或发生扭曲(图 1-2)。地震波的反射振幅在断裂发生的部位通常也会发生变化，还可能产生极性反转，甚至形成断面波，这也成为识别断层的一种依据。

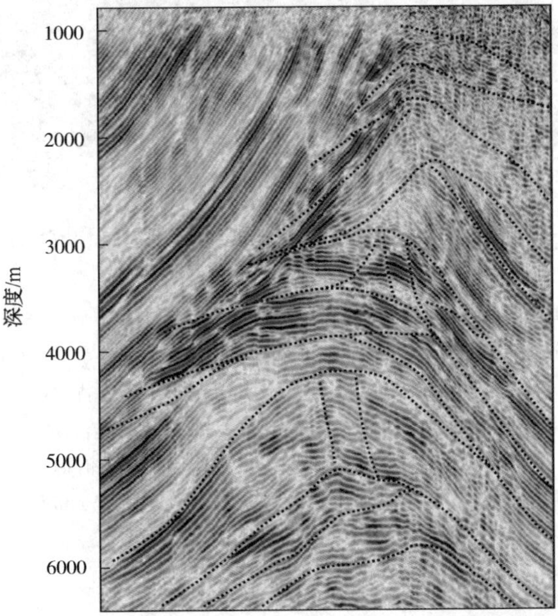

图 1-2　对某勘探区复杂的地震反射剖面进行断层解释(据胡峰等，2019 年，略有改动)

图中的黑色圆点为解释的断层位置，断层的性质为逆断层，断背斜区域发育高陡的断层或裂缝，断层间的强反射区域推测为岩盐层，断层末端在岩盐层区域内消失，断层具有顺层错断(或称滑脱)的特征，造成其解释难度增大

一般情况下，地震资料的地震解释主要依据位于测线或测线附近的钻井、录井所取得的地质和测井资料，结合地震剖面上各种反射层的特征(如时间深度、振幅、频率、相位、连续性等)推断与各反射层相当的地质层位，并分析地震资料上反映的各种地质和构造现象(图 1–3)，如断层、地层尖灭、不整合、古潜山等，完成二维或三维空间的构造解释，地震地层学和岩性学的解释以及各种可能含油气圈闭的解释。现阶段，常规地震资料解释包括三种目标(或称为任务)：构造、储层、古地貌。针对这三种目标，从地震解释出发会存在一些通用的思考模式或者是技术思路。

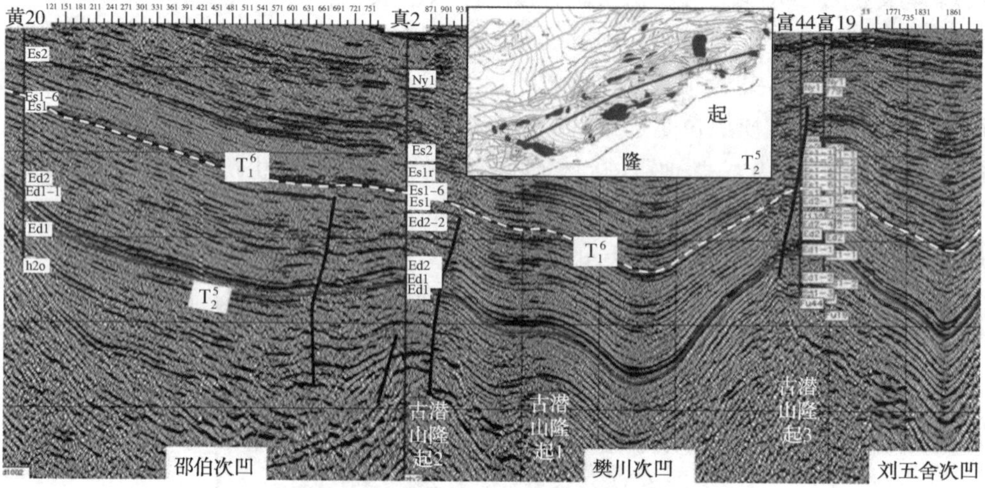

图 1–3　高邮凹陷某勘探区内连井的地震剖面解释成果示意图

(据李东亮，2017 年，略有改动)

图中的 T_2^5(灰色实线)及 T_1^6层位(白色虚线)为高水位期的泥岩段反射，连续性较好，能全区连续追踪及解释结果可靠，区域内的古潜山发育，古潜山之间形成凹陷(如邵伯次凹、樊川次凹及刘五舍次凹等)，凹陷为主要的生油(或生烃中心)区域，古潜山及其上部地层为背斜构造及储层发育，油气会沿凹陷向相对高部位的背斜区域中储层进行油气充注，所以真 2 井及富 44 井、富 19 井均打在背斜高部位(古潜山上)，另外，古潜山隆起 2 所形成的微幅背斜区域也值得后续对其进行油气勘探，黄 20 井打在斜坡的高部位——估计是打岩性油气藏，黑色实线为解释的断层所在位置

1.1.1　构造

构造是地震解释和目标建议的基础，在进行构造解释时我们使用的是叠后振幅的地震资料，最终的结果是需要提交时间域和深度域的构造图、相关的层位及断层数据。

1.1.2 储层

储层是地震解释的核心要素，绝大部分的工作是围绕储层展开的。在利用地震资料进行储层预测时，可以利用叠后振幅属性，也可以利用叠前振幅属性，并由此延伸出叠后纵波阻抗属性、纵波速度属性、叠前 AVO 属性、弹性波阻抗属性、横波属性等，以及相关的层位及断层数据实施对储层的剖面或平面的属性提取。同时为了更好地呈现出储层的分布形态，可以考虑使用立体显示和三维雕刻等常规手段。

1.1.3 古地貌

古地貌主要涉及如岩溶地貌、古地理环境等研究内容。古岩溶在我国的西部油田的石炭系及奥陶系地层中多有发育，而且是一种主要的储层类型。岩溶形成原因复杂，但正是形成岩溶的过程中在坚硬致密的碳酸盐岩中产生众多的裂缝和溶洞(如四川盆地的飞仙关组及茅口组)，使油气有了非常好的储集空间和渗滤空间。另外，国内外大部分特高产油气井的储层均分布在岩溶渗滤带。古地理环境的研究则有利于识别如礁滩相的早期沉积环境，从而确定出礁滩相带的分布位置。

1.1.4 解释关键技术

现阶段，地震构造解释技术关键主要为：①制作合成记录，精确的层位标定技术；②层位标定时子波的选用技术；③层位、断层的精确解释技术；④精确成图技术。总的来说，地震资料构造解释的核心是通过地震勘探提供的时间剖面和其他物探资料(如重力、电法、磁法等)，以及钻井地质资料，结合盆地构造地质学的基本规律，包括区域的、局部的各种构造地质模型，解决盆地内有关构造地质方面的问题。

在实际地震资料解释中，首先收集与本区或邻区有关的地质和地球物理资料，收集和准备与解释和作图直接有关的资料，包括水平叠加剖面和叠加偏移时间剖面、测线坐标和相应的地质资料。地震解释工作者要了解工区区域地质背景，仔细研究与解释有关的地质和地球物理资料，要做到对工区的地质背景、盆地类型和主要构造特点有一个基本的认识。例如在某些解释实例中就出现问题，某研究区目的层的断层基本上是逆断层，如解释出正断层就是出现了地质认识及对波组的误判的问题。

一般情况下，多数地震反射剖面能够传达出它们所代表的真实地下剖面的地质特征的信息。就油气勘探而言，其正确的说法是，解释是“明显”的。地震剖面解释是构造解释的基础，主要是在时间剖面及纸质剖面上(可以先在纸质剖面上实施解释后转入相关的解释系统)进行(图 1-4)，地震剖面解释的主要任务是在时间剖面上确定断层、构造、不整合面和地质异常体等地质现象，这些主要以断层及层位数据来体现。另外，剖面解释还可以将时间剖面转换成深度剖面，为局部构造和区域构造发展史研究提供基础性资料。地震资料构造解释过程中包括基干测线对比、全区测线对比、复杂剖面解释，并设定相关的解释网格，一般网格由粗网络逐渐向细网格过渡，断层与层位数据要在时间域上闭合，解释结果符合规范要求。在地震资料解释实践中，如采用双屏系统进行解释时，常规操作是一个屏幕打开目的层的时间域平面成果界面以监控解释的层位闭合情况(采用左屏进行解释层位及断层断距、平面形态的监控)，另一个屏幕打开地震剖面[设定解释网格后提取相关的地震测线(剖面)]实施层位及断层的解释工作；当然，相关单位拥有超强数据处理能力时，也可以采用三维可视化进行解释。总的来说，在一条地震剖面上的反射连接起来会发现与一个地质剖面的各个层理面具有相似性(断层也可能存在这样的情况)，以及一个地震反射剖面与其相邻的剖面的地震资料解释成果具有一定的相似性。

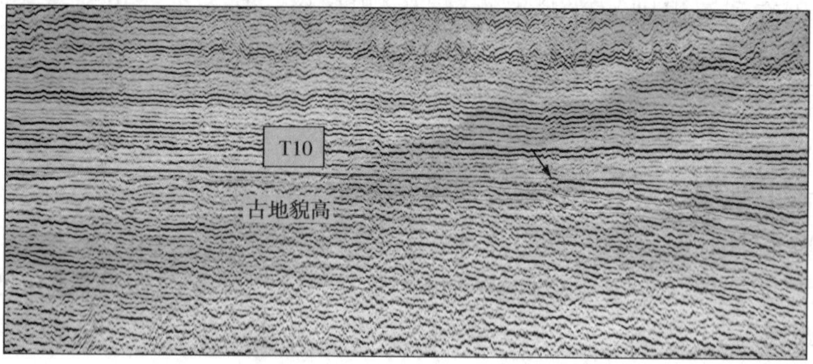

图 1-4　地震纸质剖面中揭示的不整合现象示意图

(箭头位置处，左侧地层隆起区遭受剥蚀)

该纸质剖面明显地对 T10 层位进行了层拉平，以观察其上下地层的沉积情况，在该界面之下，可以见到剖面左侧为古地貌高，并被剥蚀，T10 层之上，发生了下超的沉积现象，物源从左侧向右侧进行推进性沉积

另外，空间解释主要是指利用解释好的断层与层位数据，实施断层的平面组合、构造等值线的勾绘、等深度构造图和地层等厚度图的制作等。即要把各条剖面上所确定的地质现象在平面上统一起来，这样才能较全面地反映研究区内地下构造的真实形态，也是构造解释的最终成果。

综合解释是在剖面解释和空间解释的基础上，结合地质、其他地球物理资料(反演或属性)进行综合分析对比，对含油气盆地的性质、沉积特征、构造展布规律、油气富集规律作出综合评价和有利区块的预测。现阶段，无纸化解释(在屏幕上用电子笔实施对地震剖面解释)及人工智能解释已经在完成工业化后，将在今后的地震解释中大放异彩。

总的来说，地震资料解释，从通俗方面来说，就是在地震剖面数据上(剖面或平面)进行关于目的层位的识别和刻画，并对断层体系进行解释，确定其在数据体中的位置。通过对地震数据体进行解释后，就能得到层位及断层数据，给相关勘探者一个关于勘探区的相对感官的目的层形态及构造模样，为后续井位论证及布设勘探井提供依据。另外，地震资料解释不单单是对层位及断层实施解释，也可以扩展到对反演数据、属性数据等的成果解释(或称为储层预测及评价)，在本专著中，主要是针对层位及断层的解释的描述、讨论及探索，也就是关于构造的地震资料解释。在实际的地震资料解释过程中，可以包括以下相关的主要步骤：

① 关于研究区的地震数据、测井数据或层位数据(地质分层数据)加载，对井上合成地震记录与过井地震数据道进行对比，确定目的层段的地震反射特征，并对其进行命名及对多条断层设定解释名字；

② 对过井地震剖面进行精细解释，再设定解释网格，先对大网格实施解释，后期再加密网格，实施小网格的地震资料解释，对解释数据进行交互式检查，并使层位数据及断层数据的闭合差在地震资料解释规范的允许范围内，这样就得到了地震资料解释成果；

③ 利用后期得到的钻井数据(地质分层数据及测井数据)实施井震标定，确定前期解释的层位及断层数据的正确性，如果出现问题(与新新钻井资料不吻合)，则对前期的解释成果进行修改，得到新的断层及层位数据。

1.2 地震资料解释内容

地震资料的构造解释主要是针对波组及标志层来进行，并结合相关的地质认识、解释经验来对层位及断层实施解释。地震资料解释往往依赖于地震剖面及水平切片(一般较为少用)，以及井上资料和个人解释经验来实施的。其中，地震剖面是由多道的反射记录组成的，每一道的记录包含地震反射信息及坐标(图 1-5)。地震资料解释的主要目的是通过地震勘探提供的时间剖面和其他物探资料(重力、磁法)，以及钻井地质资料，结合盆地构造地质学的基本规律，包括区域的、局部的各种构造地质模型，解决盆内有关构造地质方面的问题。另外，解释者个人积累的经验在地震资料解释中也占据着相当重要的地位。

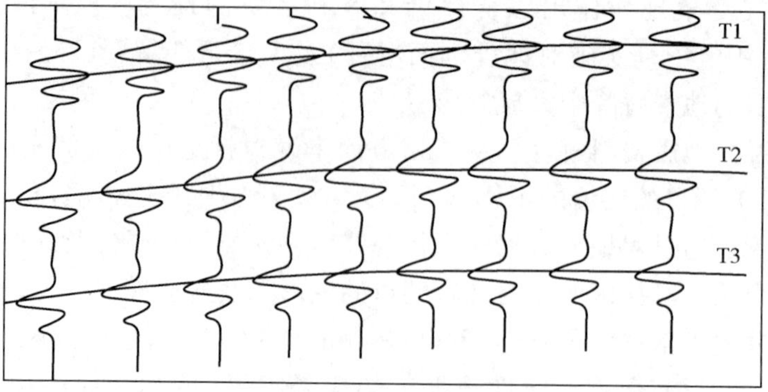

图 1-5 地震剖面是由一系列地震道的反射波形所组成

可见该图解释了三个层位，T1 追踪波峰位置，T2 及 T3 追踪波谷位置，
从解释的成果来看，显示该剖面描述一个微幅背斜构造形态

地震资料解释的基本假设是地震反射波至（显示在地震剖面上的）和地质界面之间存在着一一对应关系，大量的勘探实践也证明确实存在这样的关系。地质工作者们用很多方法定义（如井震合成记录及 VSP 数据等对地震反射层进行标定）地层层位，基本上大多数用的是时代界面——如某地震反射层对应于某一个地质界面的底部（或顶部）。一般来说，地质界面一般定义为某一个时代（比如说奥陶系组顶）形成的沉积层的顶面，也可以用地层时代或地层顺序命名。地震反射层位通过井震标定或其他方法与地质界面发生联系，从而对相关的感兴趣的地层界面进行解释及成图。一般来说，地层时代的命名是考虑了同时代沉积的地质证据，由某个首先定义时代的典型地名向外扩展而决定的。

地震资料解释工作有两个重要阶段——连续性及对比。连续性是在观察地震剖面时得到的一个特征，根据脉冲形状可以在连续的地震道上识别地震反射波至。一般来说，在到达时间上各道之间可能有小的差异。这些重复的脉冲形成同相轴，并且这个同相轴具有连续性，可以追踪它们。连续的一长段代表一个“据点”，可以向两边进行追踪。地震波对比是纯粹的波组对比。波组可能是单个的脉冲，可以由它的长度、振幅或形状来区别。通常多数波组是由一系列的反射所组成的。除了单个反射特征外，单波之间以及波列之间的距离对确定波组也有影响。对比主要是把一个“据点”（可靠区段）与另一个“据点”联系起来。地震反射的连续性可能会由于地震资料不好，不能连续追踪而中断；或者由于断层反射、绕射波的干涉而使其中断；也可能由于观测系统的问题致使地震反射“缺口”引起中断。无论什么原因造成的中断，都可以通过对地质模型的认识再实施对比而沟通。对比可以对连续性的追踪进行不断的检查，如果已经对比出一组地层的连续性，那么应将始点和末端对比并进行检查。

1.2.1 地震波识别及对比

在反射波法的地震勘探中，地震资料中的波形代表地下的反射界面的信息。地震反射往往发生在界面，这些界面可能是断层面、层理面及侵入接触面或者其他任何两种不同类型岩层间的分界面。当这些界面足够大、厚度具有一定规模(大于地震反射波长的四分之一)，在界面的两边波阻抗具有差异性从而发生地震反射现象。当然，要注意其与油气水界面之间的反射的区别——一般是特殊的反射。在地下的地质界面反射的过程中，相邻地震道的反射波形总体上具有相似性。当在地质层位中存在岩性突变时，会造成该区域的反射波形产生异变而变得与相邻的道反射不同。而当地震剖面中存在断层反射时，也会造成反射波突变。在地震资料解释过程中，存在标准层和目的层的解释。其中，具有较强振幅和较稳定波形的反射波(组)称为标准层或特征层，这些标准层往往在工区内皆可追踪对比。标准层的地质意义是指主要的地层或岩性分界面，且与生油层或储集层具有一定的关系或本身就是生储油层。反射标准层特征明显，有利于借此研究地震剖面的结构，构造特点。目的层往往是指油气储集层，它可能具有较好的反射连续性，也可能具有较差的反射连续性。

地震资料解释中，以目的层为中心的波组或波系进行对比解释，并对目的层位进行追踪。由于地震资料解释中主要是针对沉积盆地进行，其沉积的地层厚度往往是相等或渐变的(在勘探区内)，因此可以用地层沉积厚度的特征卡层厚来解释目的层。层厚中往往包含一些特殊的反射波组，利用这些波组的组合特征来实施目的层位的特征及沉积相的识别(图 1-6)。其次，目的层的反射一般也是强的波峰或波谷反射，这样也便于解释者实施追踪解释。目的层可与其上或下的波组构成目的层位波系，结合这些波系的特征也可以实施追踪解释。如在焦石坝地区的五峰组—龙马溪组底的层位解释中，根据目的层底的强反射及其上的两个强反射组构成波组来识别及解释出页岩底，并在实际钻井验证中得到检验。当然，反射波的间隔(某一沉积厚度造成)在短距离的情况下，其间隔可能可以保持不变；在长距离的情况下，随着地层厚度变薄或变厚、地震速度的变化、不整合以及其他特性都可能使其发生变化。

在大量的解释实践活动中，总结了相关的波的对比概念和基本要领。地震波的对比是利用反射波的一些特征识别和追踪同一反射界面反射波的工作；其对比原则是来自地下同一反射界面或薄层组的反射波在相邻地震道上表现出相似的特点；波的识别标志是强振幅、同相性、波形相似及时差变化规律。在地震资料解释过程中，对地震反射界面的追踪对比方法，总结出以下几种：

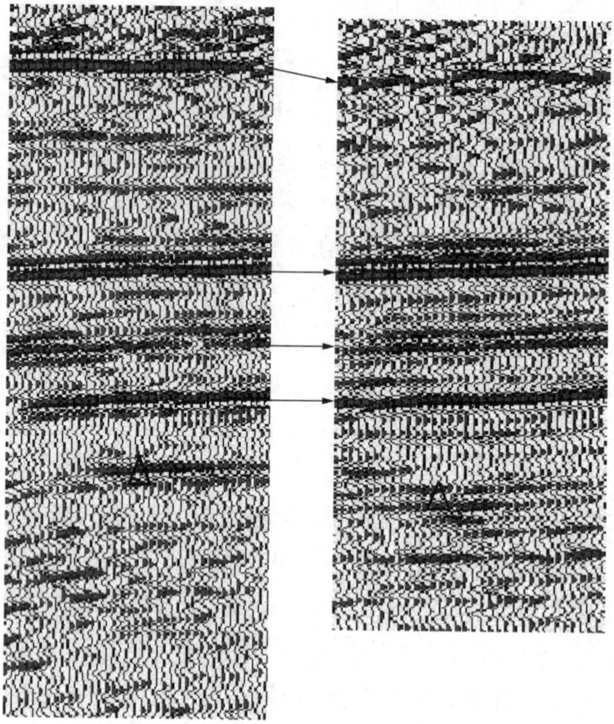

图 1-6　地震资料解释工作中使用的波组对比示意图

（箭头处的波组对应相同的反射界面）

从地震剖面下部的三个波组及之间的层厚度可以看到，其层位厚度相对稳定及地震反射波组相对连续，推测为海相地层沉积，最上部那个箭头的层位与相邻下部的箭头之间的层，层段厚度变化相对较大，可以看出左厚右薄的沉积特征，注意两图的三角形所对应的同一个层位的同相轴位置，所解释的层位可靠性不高

1）单一同相轴的基本对比方法。反射波同相轴具有线状延伸特征，相邻记录道的同一个同相轴应为一连续的曲线，相邻界面的同相轴应大体平行；相邻记录道的同一个界面反射波同相轴的波形特征相似（振幅、周期、相位数等相似），它们在空间上是逐渐变化的。比如用纸质剖面实施解释时，可以用彩色铅笔画线。在反射连续性可以识别的地方，可以画上层位线，当遇到反射连续性不好造成解释存疑的地方可先不画层位（留下空白），当对比标志（如卡层厚、对比相邻测线目的层埋深及闭合情况等方法）使我们可以识别出同一个层位界面时，再继续画层位（追踪层位）。此外地震资料解释员要有一定的艺术基础，使画出来的层位及断层线条圆滑、漂亮。另外，在解释的过程中，尽量不要串轴（串相位或层位），断层解释的位置应该准确可靠、不随意及不串别的断层的断点。

2）根据波组或波系进行地震反射界面对比。波组是相邻若干个界面形成的多个强反射同相轴的组合，波组之间是一些振幅比较弱的同相轴，多个波组组成一个波系。不同波组的相位数多少、振幅强弱、波的疏密程度往往不同，而不同波系所包含的波组个数、各波组间的间隔关系等往往不一样。如对某海相页岩气高产区的五峰组—龙马溪组底的解释，就是追踪虚线框内的强反射波组中的第三个强相位(从上到下)，并参考该特征对全区的五峰组—龙马溪组底进行追踪解释。

3）根据振幅包络线进行对比。由于角度不整合面上下相接触的地层层位横向上变化很大，从而使界面反射系数的大小甚至极性变化很大，这使得角度不整合面的反射波特征很不稳定。当进行同相轴对比时，往往很困难。这时应当根据地震反射波的包络线进行对比，即对比界面可以穿相位。在对比基底界面时，根据反射波的包络线进行对比更是常用的方法。因为基底反射波在埋深较大的情况下，振幅一般较弱，对比时要注意沉积岩盖层与基底在宏观反射特征上的差别。

4）通过剖面闭合检查地震反射界面对比。在三维地震资料解释中，如果单条剖面的对比完成后，需要与正交剖面进行闭合检查，若在一个环形闭合圈中同相轴不能闭合，则说明对比有误。在二维地震资料解释中，由于测线与测线的交会点存在闭合差，这时层位解释的闭合差应该控制在允许的标准范围之内(一般为10ms)。在大量的地震勘探实践中发现，二维测线的闭合差主要由下列几个因素引起：

① 两个测线方向上的叠加速度的差异。这是由于褶皱的走向与其中一个测线方向相同，而另一条测线则与褶皱走向成一定角度相交。造成在地震资料处理中使用了不同的叠加速度，从而造成不同的反射时间。

② 测量误差。在茂密的丛林中可能看不见标志或参考点，当从其他控制点进行长距离测量时，会造成误差积累，从而形成交点闭合差。

③ 由于地震记录或处理造成的差异。

另外，在地质上，断层有正断层及逆断层之分。在地震资料解释中的断层解释工作中，主要是根据断层在地震剖面中的一些特征及相关的地质模型来确定的。这些特征现分述如下：

① 反射波组发生错断。

② 反射波同相轴数目突然增加、减少或消失。

③ 反射波同相轴形状突变，反射凌乱并出现空白反射。

④ 反射波同相轴发生分叉、合并、扭曲和强相位与强振幅转换等，一般是小断层的反映。

⑤ 异常波的出现，最常见的断面波、绕射波等。

⑥ 地震剖面上常见的断层相互切割关系有“y”字形、“X”字形、“入”字形及包心菜式、阶梯状、扇形铲式状等结构(图1-7)，断面一般呈上陡下缓状，或者同一断层中上、下断距具有较大的差异性。

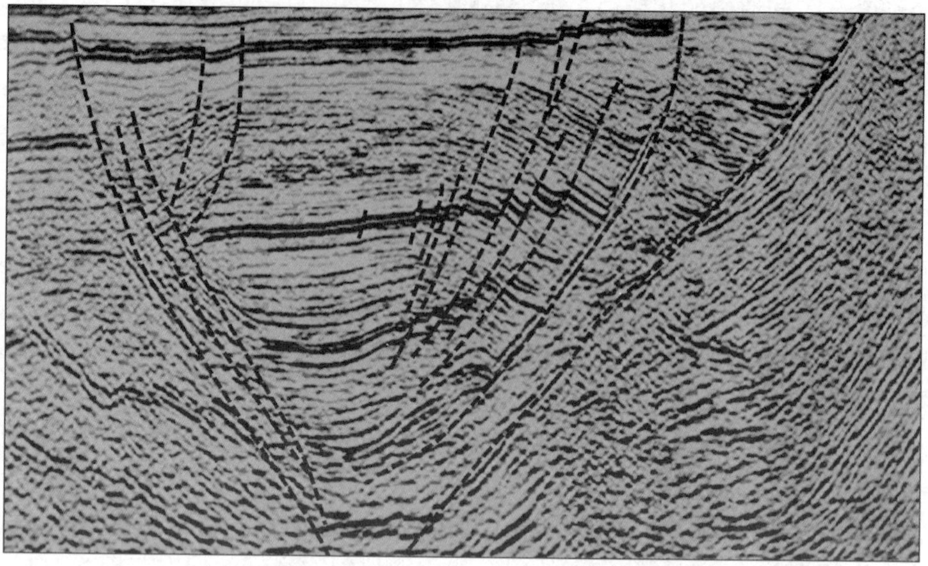

图 1-7(a) 某测线地震剖面中扇形的铲式正断层(灰色虚线位置)
解释示意图(据曲寿利，2019 年，略有改动)

图中的凹陷两侧为古潜山所夹持，并发育大型的伴生型的正断层群，左侧的断层
有反转现象(下正上逆，为反转断层)，古潜山内部反射整体上呈杂乱状，成层性较差

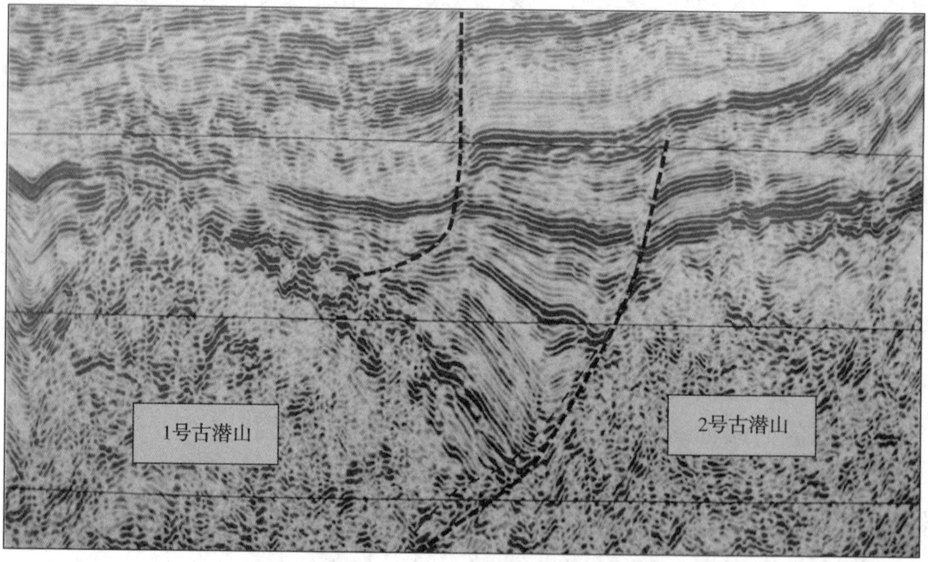

图 1-7(b) 某测线地震剖面中所解释的左右正断层(虚线位置)上下断距、
产状差异性示意图(据曲寿利，2019 年，略有改动)

左侧的 1 号古潜山呈尖棱状、整体上完整、顶面呈凹凸不平状，该古潜山的右侧显示大量
的潜山内部的正断层发育，2 号古潜山的左侧被大型正断层所切割，造成其形态相对不完整

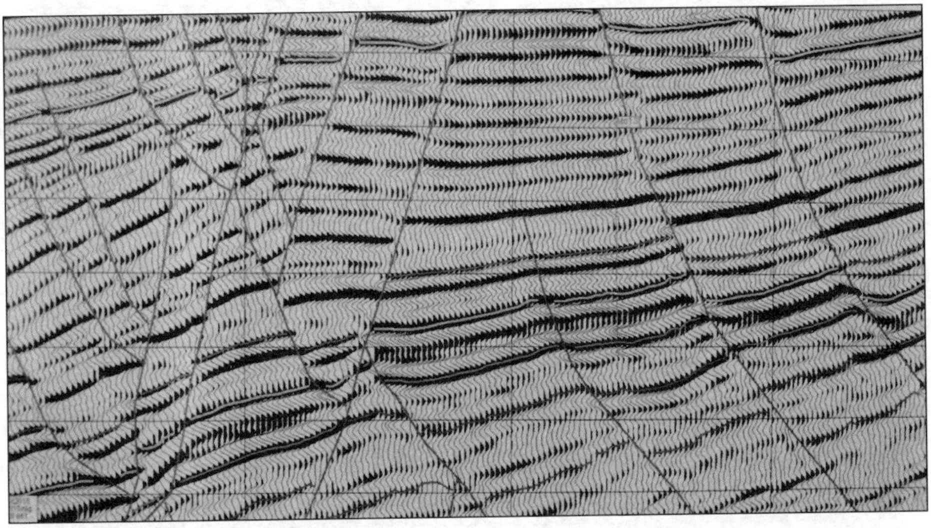

图 1-7(c)　某测线地震剖面中所解释的共轭正断层(“y”字形及倒“y”字形组合)示意图(据曲寿利，2019 年，略有改动)

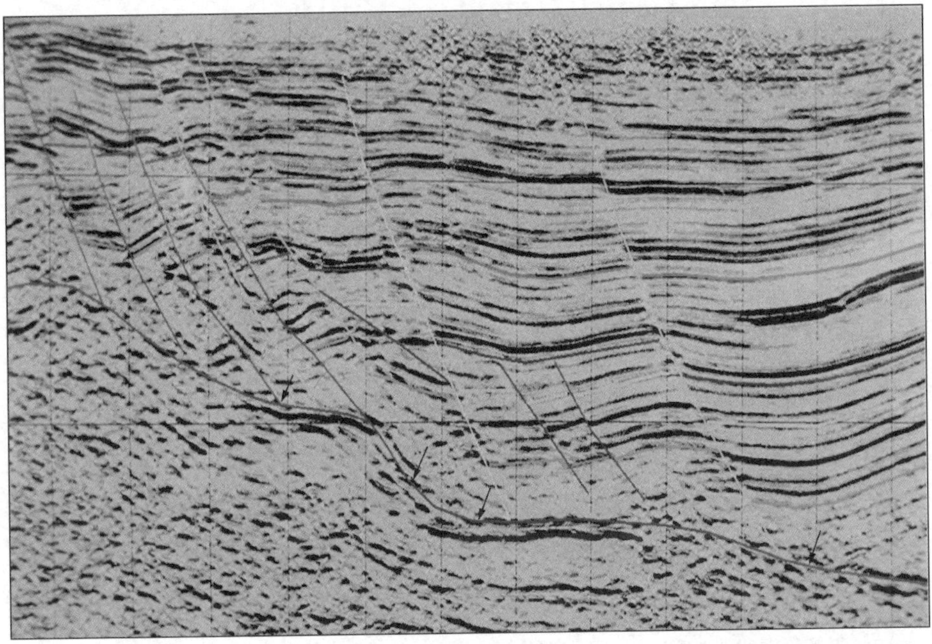

图 1-7(d)　某测线地震剖面中所解释的坡坪式(或称为椅式，黑色箭头所指示的位置)正断层示意图(据曲寿利，2019 年，略有改动)

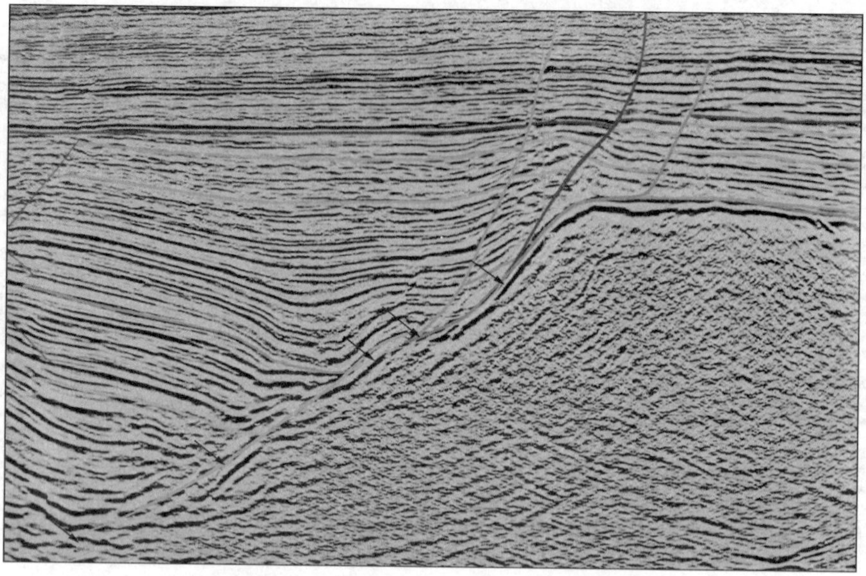

图 1-7(e)　某测线地震剖面中所解释的椅式(黑色箭头所指示的位置)正断层示意图(据曲寿利，2019 年，略有改动)

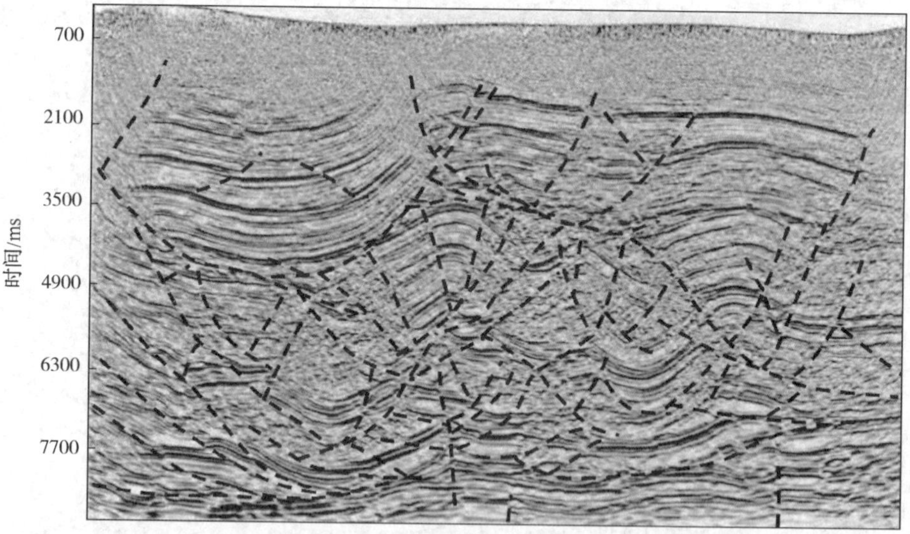

图 1-7(f)　某山地地震资料解释中复杂断裂体系组合式解释示意图(黑色虚线为解释的断层所在位置)(据王华忠等，2013 年，略有改动)

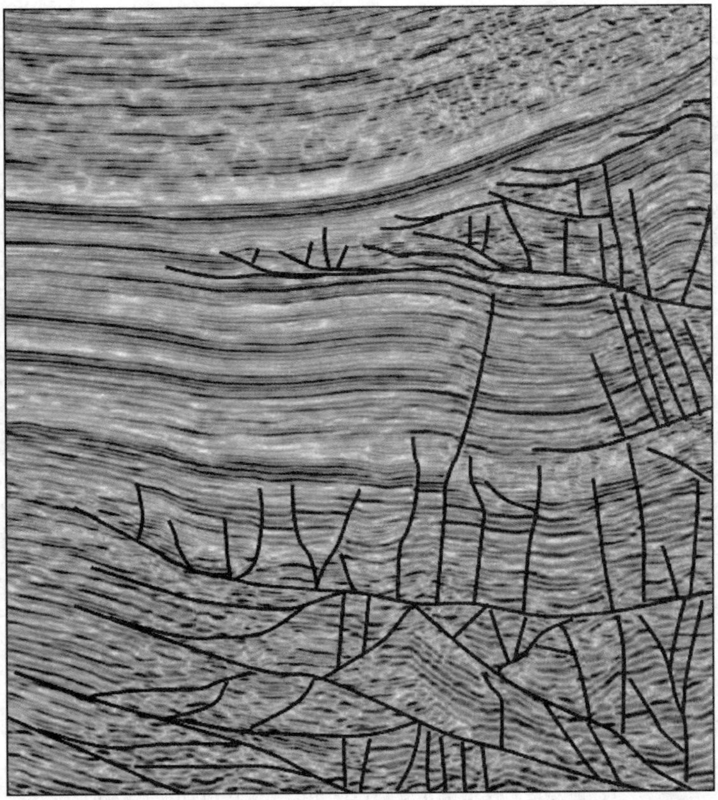

图 1-7(g) 新疆某山前带地震资料解释中复杂断裂体系组合式解释示意图
(黑色实线位置为解释的断层位置)(据姚晓龙等，2020 年，略有改动)

⑦ 在水平切片上(图 1-8)，断层在平面上可能造成同相轴错断，但不是明显中断。断层两侧振幅发生突变，即在水平切片上同相轴的宽度发生突变或同相轴走向不一致、同相轴突然拐弯等。

例如，在某个地震剖面上实施的构造解释例子，就是根据层位及断层的解释原理来完成的。从该地震剖面及相关的断层组合样式特点上来看(图 1-9、图 1-10)，断层为正断层，断层构造的“y”字形(似花状断层)及共轭状、“入”字形断层等相当明显。如“y”字形中心断层密集(地层破碎)、解释难度大；外边的断层则相对容易解释，断点清晰。对该剖面的断层实施解释时，要注意上下断点的联系，不能乱串断点，断面整体上呈倾斜状，上略陡下缓，并且断层群具有收敛性。断层首先注意上下断面尖灭点的解释，不要随意；其次注意断面的圆滑、完美。另外，对其层位追踪解释方面，要注意其与其他地层之间的沉积厚度，在该地震剖面中总体变化不大。

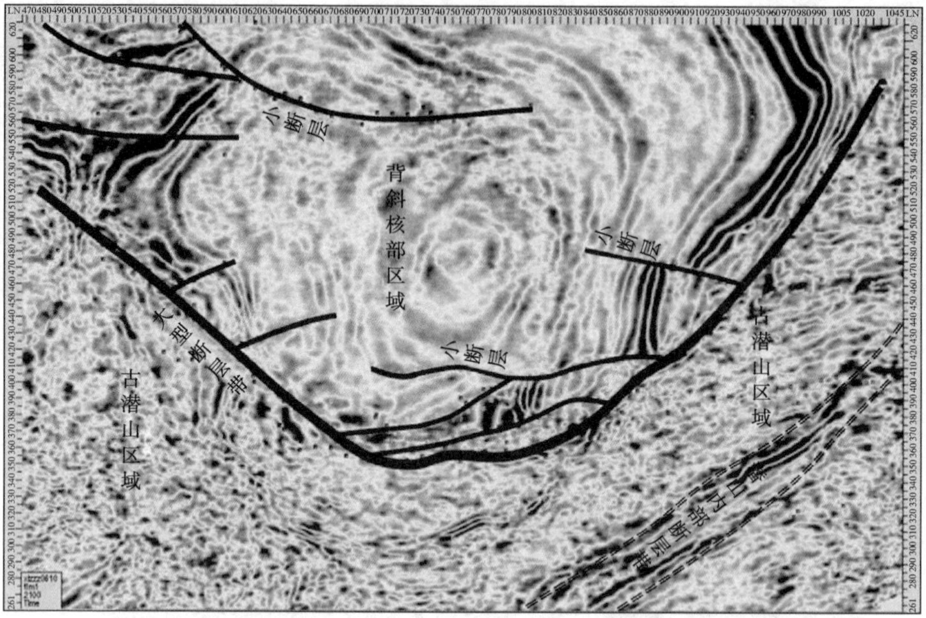

图 1-8　某勘探区的振幅平面切片中可见断层对其两侧地震反射波组影响的特点

（据李东亮，2017 年，略有改动）

背斜核部区域的同心圆相对明显，半月形的大型断层对小断层（走向主要为近东西向及北东向）进行切割及控制，潜山内部也发育了大型的断裂带，该断裂的走向呈北东向，古潜山内部的地震反射与背斜区域的正常地层沉积的地震反射具有差异性

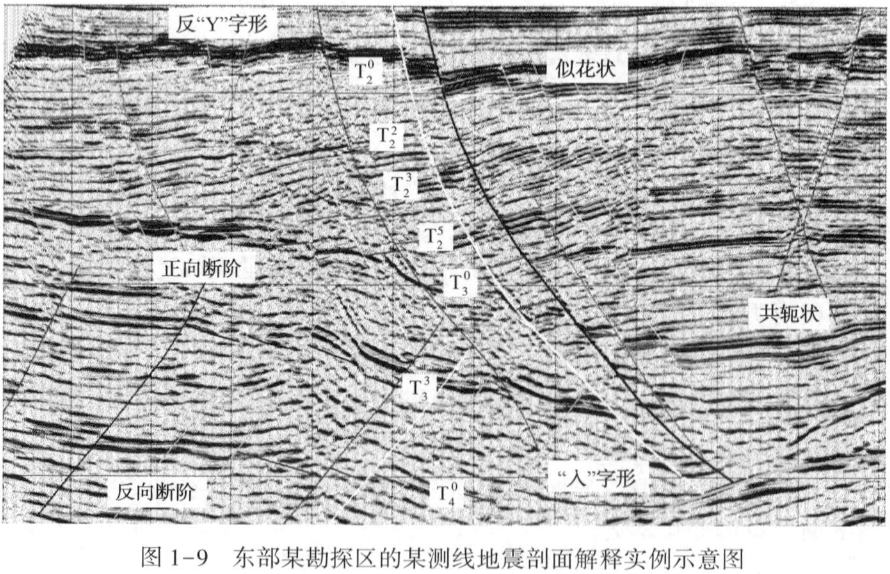

图 1-9　东部某勘探区的某测线地震剖面解释实例示意图

（据李东亮，2017 年，略有改动）

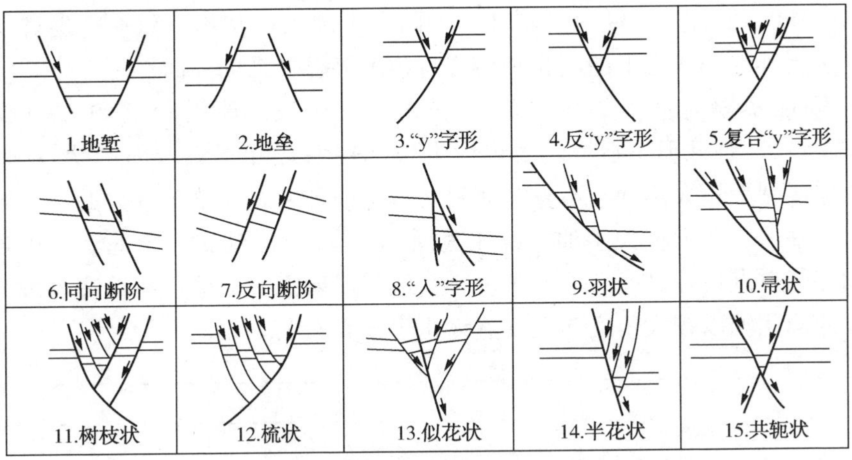

图 1-10　东部某勘探区的正断层剖面形态及其组合样式示意图
（据李东亮，2017 年，略有改动）

1.2.2　地质现象识别

在地震资料解释中，解释者要有地质现象的概念。其实，在地震剖面上看与在地质露头上看地质现象一样，也存在背斜及向斜等构造现象。在正常沉积地层的反射中也存在上超或剥蚀等反射现象，与一些地质沉积特征及现象非常相似。

在油气勘探中，往往面对的是沉积盆地的反射资料。而沉积盆地的地质界面的类型和特征基本上可以分为不整合面、整合界面。不整合面按形态特征分类可以分为角度不整合和平行不整合两大类(图 1-11)，现对其形态特征分述如下：

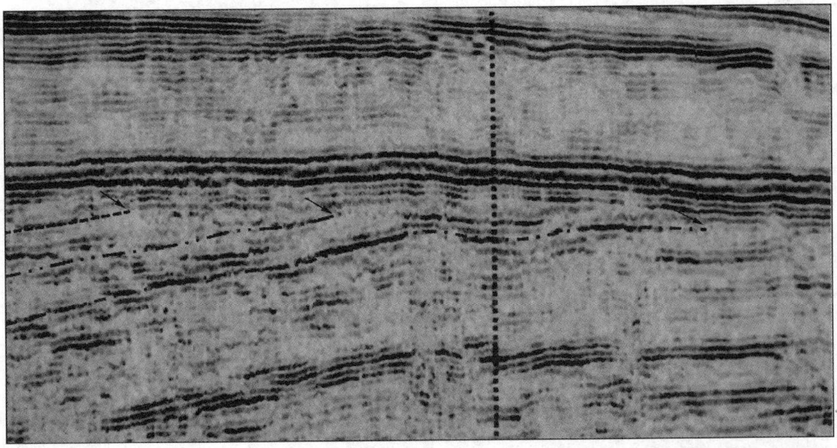

图 1-11　某地震剖面中的解释地层(黑色虚线及点画线位置)出现不整合现象
（可见相关地层存在较为明显的削蚀现象，见黑色箭头位置，指示层位出现尖灭）
（据赵邦六，2005 年，略有改动）

1）角度不整合。地层遭受剥蚀，界面上下地层产状不一致。在地震反射剖面中，是指其上部或之下的同相轴与之有角度接触关系的界面。

① 削蚀不整合：相邻界面的上下产状不一致，地层向上倾方向遭受剥蚀(图 1-12)。削截形态不整合表现为上覆地层一般和不整合面产状较为一致，而下伏地层则呈较大角度与不整合面斜交。与该种形态不整合有关的油藏遍布世界各地，并形成了大量大型油田，如美国 Prudhoe Bay 油田，因此，不整合面是油气勘探的重点目标之一。总的来说，在地震反射中，不整合面往往表现为其下部地层的同相轴以较大角度向上突然终止于该界面上。

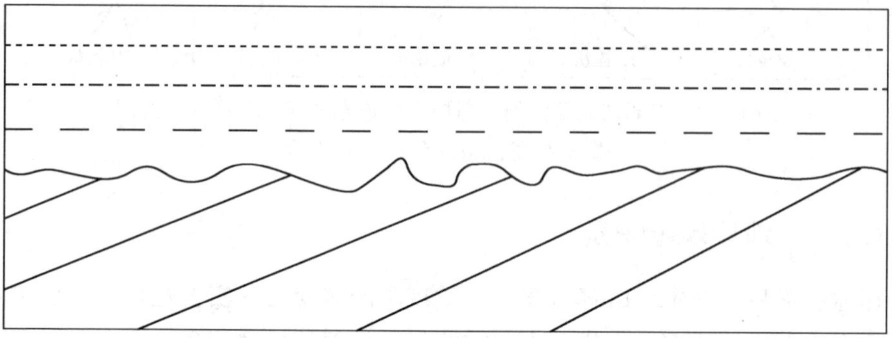

图 1-12　削蚀不整合形态示意图(可见剥蚀面的上下地层的产状不一致)

② 超覆不整合：在发育长期侵蚀间断的地层表面上新地层逐层向上超覆。超覆不整合是指因海平面上升，后期地层沿古斜坡向上发生超越式沉积而形成的(图 1-13)。其主要沉积特征为：上下地层的界面反射波与下伏地层反射近于平行，界面之上的反射逐层向斜坡上端超覆尖灭。此外，超覆不整合与削蚀不整

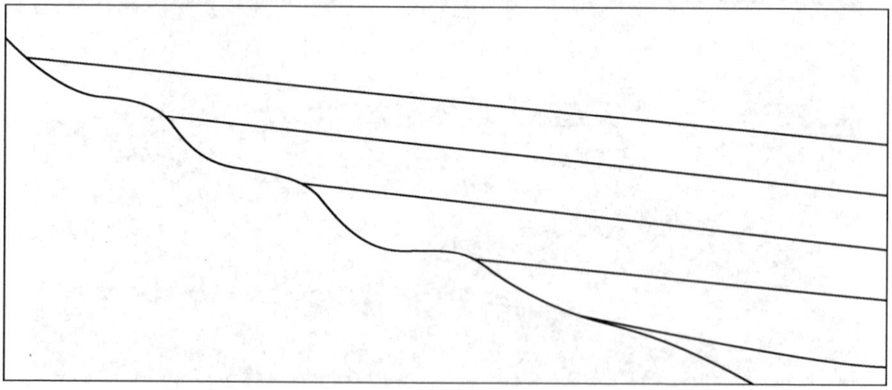

图 1-13　超覆(地层上超方式)不整合示意图(左侧设定为古潜山，地貌上为高部位，所沉积的地层界面呈越来越高的态势)

合的区别在于前者的界面反射波与下伏地层反射近于平行，而不是呈角度相交。一般情况下，超覆形态不整合成藏条件有利，对石油和天然气都有较好的封堵作用，如委内瑞拉 Guere 油田、美国 East Texas 油田等。另外，如果有烃源岩与左侧的潜山进行搭接，潜山的岩层相对破碎，也能使油气对其进行充注，从而使潜山成为有利的油气勘探目标。

③ 退覆不整合：盆地边缘发生同沉积抬升，致使相关的沉积边界逐步向盆地内部退却。

2）平行不整合。所沉积的正常地层(没有构造作用或轻微的构造作用于该地层沉积时期)在沉积后期由于整体抬升遭受剥蚀，并再整体下降后接受新的沉积物沉积，从而使该剥蚀界面的上下地层产状总体一致。在野外的地质现象分析，可见下切现象，可分为平整平行不整合及起伏平行不整合。

总的来说，对不整合面的成因特征分述如下：

① 构造不整合。它可以细分为褶皱不整合(由于褶皱作用而弯曲致使地层遭受剥蚀)(图 1-14、图 1-15)、掀斜不整合(由于掀斜作用而使地层遭受剥蚀)、块断不整合、抬升不整合、火成岩侵入不整合(底辟)(图 1-16)、塑性岩侵入不整合。

② 沉积不整合。河流下切不整合、重力流下切不整合、淹没不整合、沉积过路、沉积间歇。

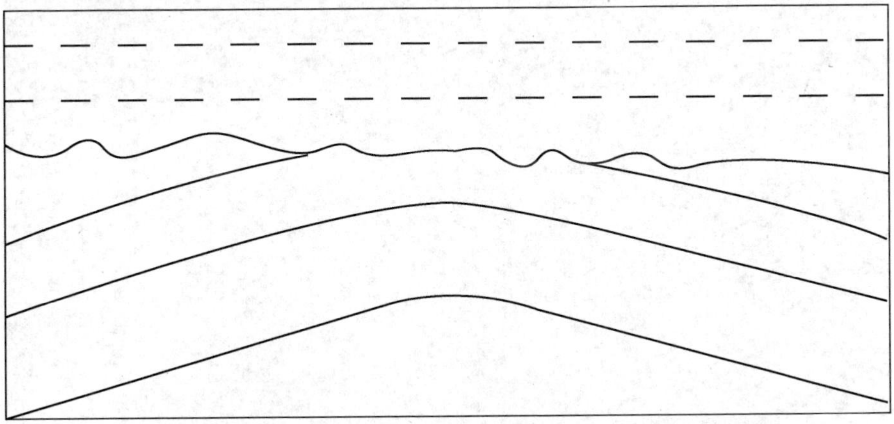

图 1-14　地层发生褶皱形态(大型背斜构造)上的不整合示意图

地质结构显示该大型背斜由于地层隆起，接受剥蚀，造成其上部呈凹凸不平状——整体上为一个较平的剥蚀面，并且后期该背斜整体下降，接受上部地层的正常沉积——层状及近层状

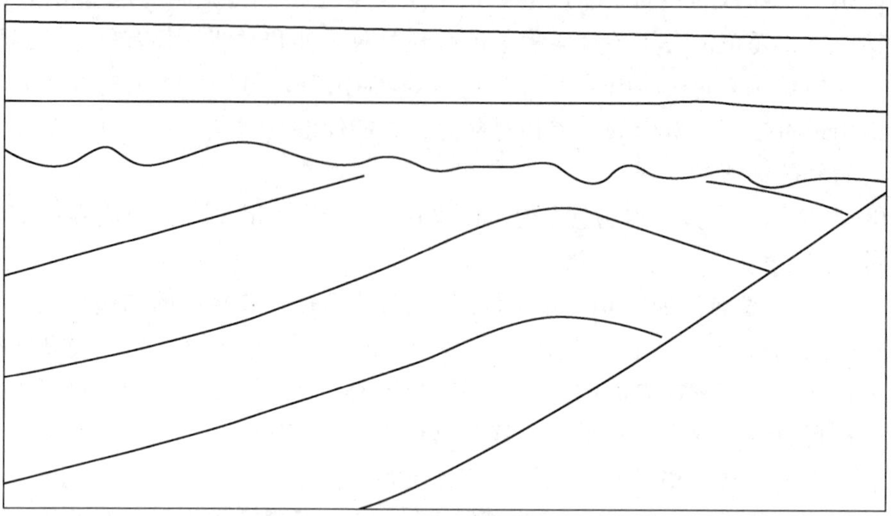

图 1-15(a)　背斜(或断背斜)褶皱形态不整合示意图(可见断背斜顶部发生剥蚀现象，与其上部地层的水平产状明显不匹配)

图 1-15(b)　四川盆地乐山地区某景区内的砂岩层中褶皱形态不整合示意图

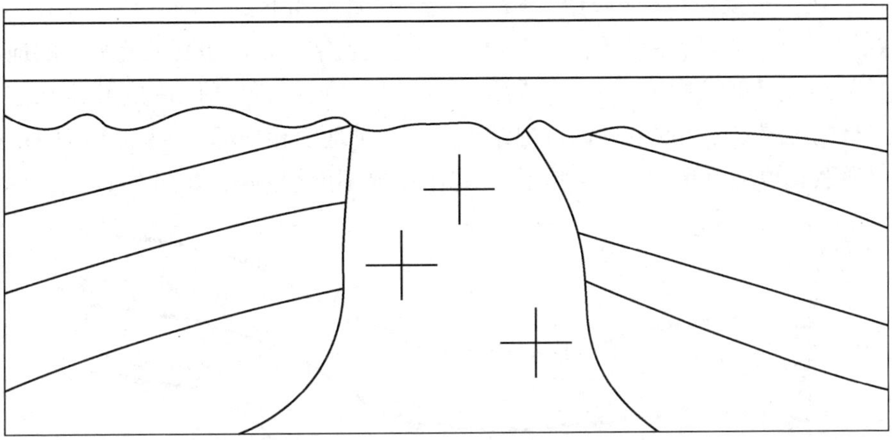

图 1-16　地质异常体底辟造成的不整合示意图

（火山岩体或盐体上拱后容易发生这种现象）

另外，整合界面主要由海泛面、沉积速率剧变面及沉积饥饿面等三部分组成的，现分述如下：

① 海泛面：海（湖）平面的突发性的迅速上升，会使岸线迅速后退，在广大地区形成细粒沉积，即形成海泛面。在地震剖面中，该面往往是一个稳定的分布广泛的波阻抗界面，可以连续追踪，便于解释。

② 沉积速率剧变面：沉积速率在横向上有显著的变化，可形成下超面或上超面等，如三角洲前缘。

③ 沉积饥饿面：在海平面相对上升达到最高水位期，形成密集段，并有沉积速率的横向变化，形成视削截和下超面，分布相对广泛，如四川盆地长兴组地层。

总的来说，随着地震数字技术的发展，通过获得高分辨率的地震资料，它不但能反映沉积界面的构造信息，而且能反映地震层序之间内部的非构造信息（沉积相信息、岩性信息）。其中，地震相就是指与沉积岩相相对应的地震相单元内反射结构、反射连续性、反射振幅、频率及层速度等参数的特征。利用这些参数特征对地层层序的沉积环境、沉积体系、沉积物源及水流方向等做出解释、分析，这就是地震相分析。其次，地震相单元被定义为一个能够作图的三维地震单元，由一组或一个时窗单元的反射组成，因此，地震相单元的内部结构是鉴别沉积环境最重要的因素。另外，地震反射结构是地震反射的几何图案及其组合，它反映了地层的层面结构、空间位置及边界。对这些反射结构进行分析及研究，可以做出相关的地质推断。现将其相关的地震相单元的内部结构简述如下：

1）成层反射结构。

反映一个地层单元内的地层几何形态和相互关系，从反射同相轴的形状来说有平行、亚平行及发散(或收敛)三种。现分别简述如下：

(1) 平行、亚平行反射结构。其中，平行反射结构是由一套彼此平行的地层层序形成的地震反射结构。与平行反射结构相比较，亚平行反射结构是由地层层面大体上平行的地层层序引起的地震反射结构。这两种地震相内部反射结构出现在席状、席状披盖及充填型单元中，它反映了均匀沉降的陆棚或盆地沉积(图 1-17、图 1-18)。

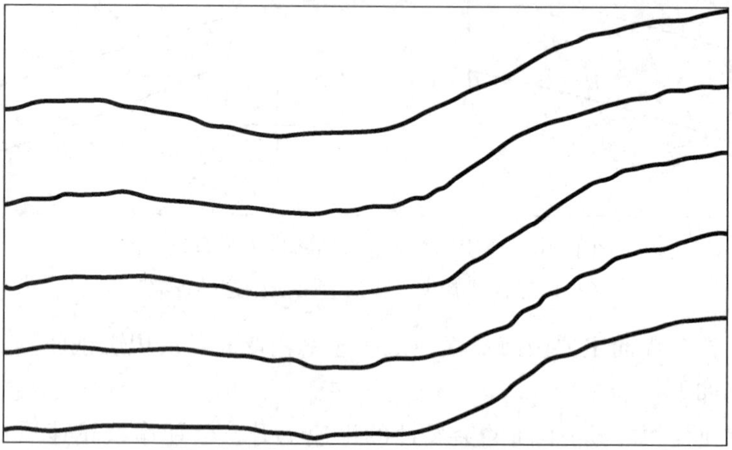

图 1-17　不同层段(黑色线条为设定的层界面)的平行反射结构示意图
(层界面之间呈平行、近平行状)

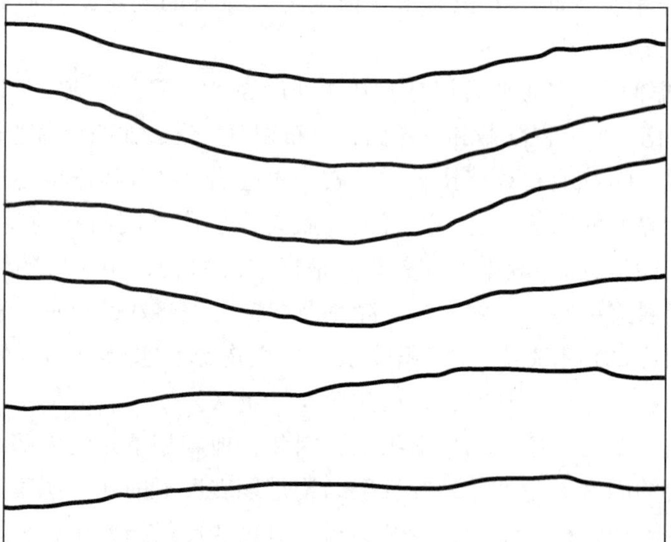

图 1-18　亚平行反射结构示意图(层界面之间呈略平行或近平行状)

（2）发散(或收敛)反射结构。发散(或收敛)反射结构是由于地层向一个方向呈楔形减薄而造成的反射结构。发散与收敛反射结构指的是同一种现象，不过前者强调向下倾方向增厚发散；后者强调向上倾方向收敛变薄(图 1-19)。从地质方面来说，成层的地震反射波结构可以反映地层沉积时的沉积背景、沉积作用、水流方向以及后来的构造运动。

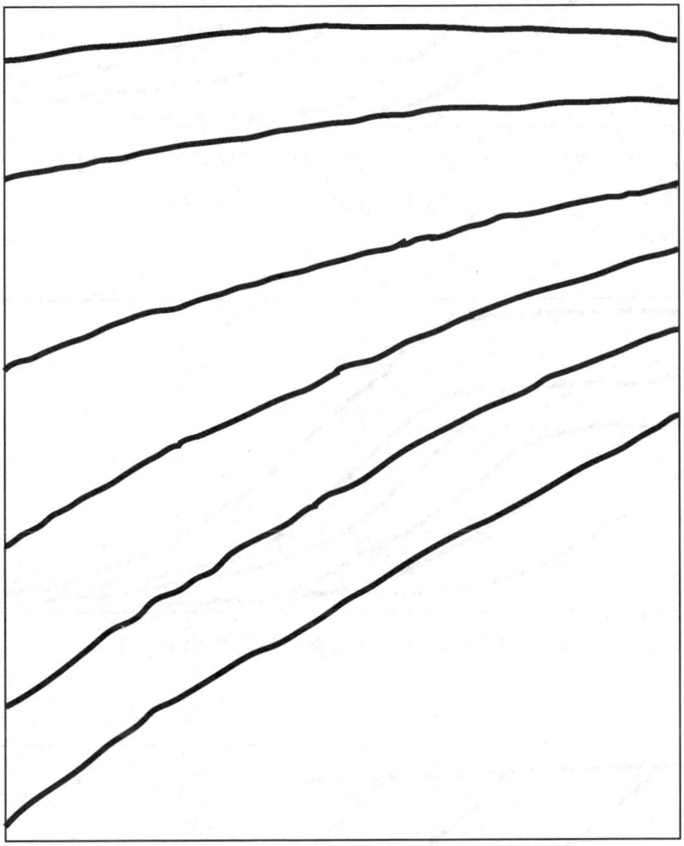

图 1-19　发散(或收敛)反射结构示意图(可见层位界面在一端呈收敛状，而在另一端相关的界面呈发散状)

2）前积反射结构。

对于沉积相来说，前积反射结构是一种向深水方向扩建的反射结构。它可以从地震同相轴的形态分为 S 形、斜交形、S-斜交复合形、叠瓦状及乱岗状前积反射结构(图 1-20~图 1-24)。它们反映了沉积时水流强度的强弱。一般情况下，斜交形结构反映水流最强，S 形次之，乱岗状最弱。它们是以河流为主的三角洲沉积，而叠瓦状结构则是以波浪为主的三角洲沉积。

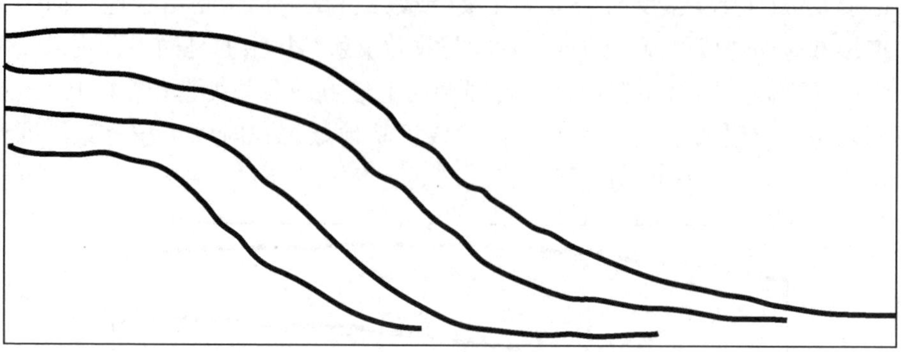

图 1-20　S 形反射结构示意图(地层界面在前积体的上部
呈亚平行结构，在其下部则呈下超状)

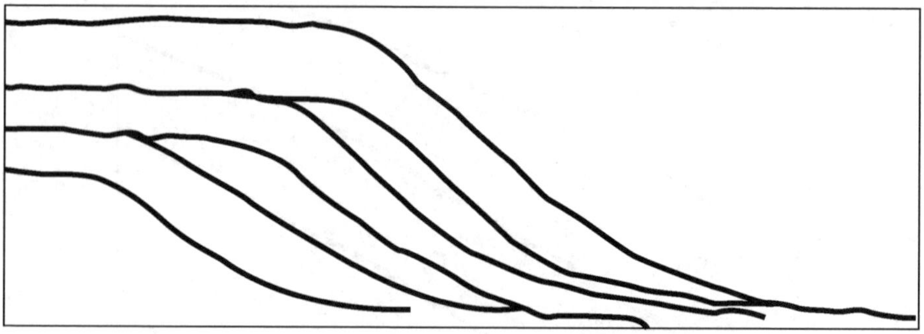

图 1-21　S 形与斜交混合形反射结构示意图

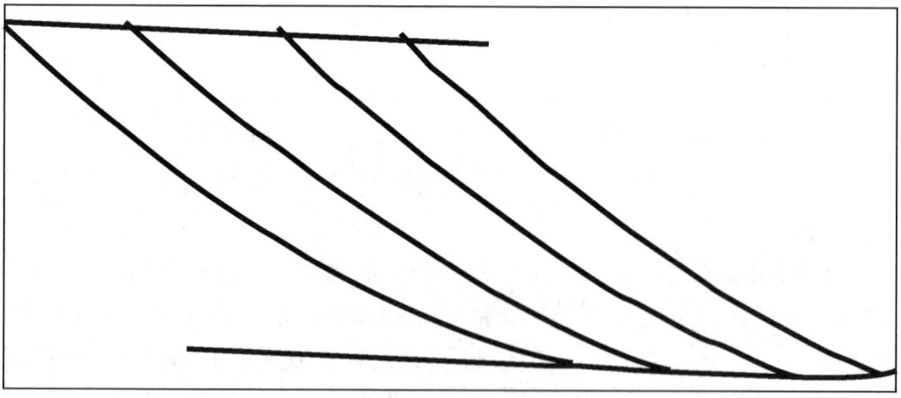

图 1-22　切线斜交形反射结构示意图

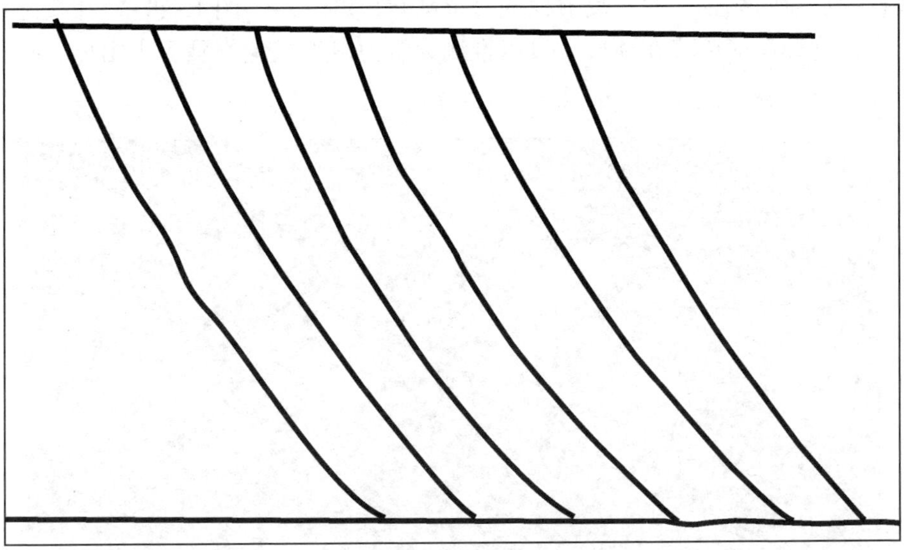

图 1-23　平行斜交形反射结构示意图

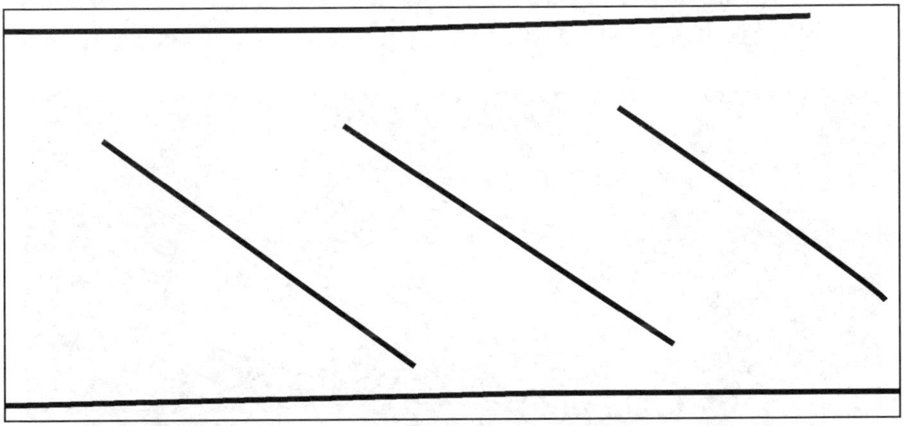

图 1-24　叠瓦状反射结构示意图

其中，S 形反射结构是由一系列重叠(或呈叠瓦状)的 S 形反射同相轴形成的前积反射结构。具体为上段(顶积层)与下段(底积层)倾角平缓，与上下地层界面平行，而中段(前积层)倾角较陡。斜交形反射结构顶面因缺失顶积层而呈现顶超的接触方式，其底面为下超终止方式(图 1-25)。依其层理面与下界面的关系又可分为平行斜交模式、切线斜交模式两种。前者的交角较陡，后者呈切线相交，交角逐渐变缓。叠瓦状反射结构与平行斜交反射结构相似，但总的地震相单元厚度变小，在单元内的反射彼此呈叠瓦状轻微超覆，与顶界面为顶超方式终止，与底界面为下超方式终止(图 1-26)。而乱岗状反射结构由无规律、不连续、不平行的反射同相轴构成，反射模式呈杂乱状(图 1-27、图 1-28)。在实际地质识别中，这种反射模式在地质上可以推测为重力滑塌或生物礁、火山体、盐体等地质异常体居多。

图 1-25　某地区中砂层所显示的角度不整合及叠瓦状层理结构示意图

图 1-26　四川乐山地区的白垩系夹关组内的角度不整合
及大型的 S 形层理、平行及亚平行层理结构示意图

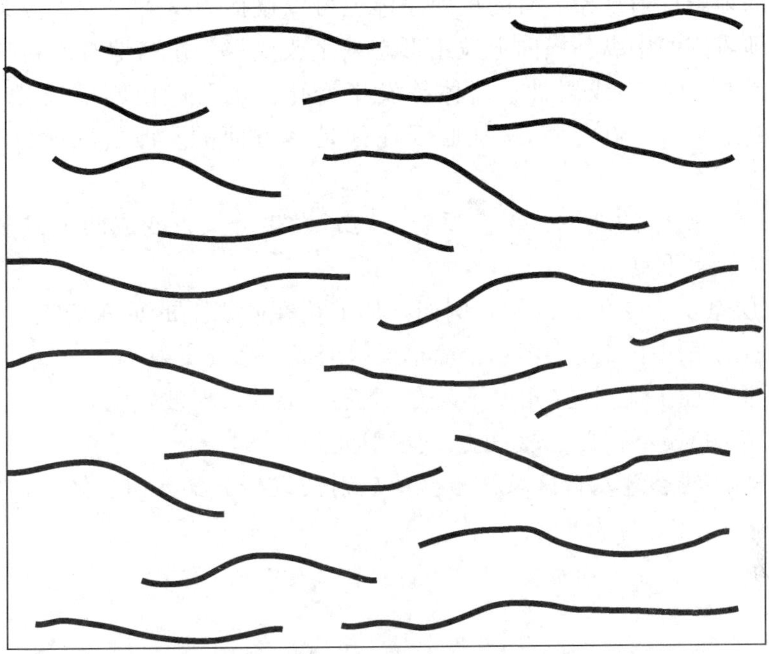

图 1-27　乱岗状反射结构示意图(层段内略显层理面，但层界面呈短簇及产状呈起伏变化状)

图 1-28　杂乱状反射结构示意图(层段内不显层理面，层界面呈短簇及产状呈剧烈起伏变化状)

上述的地震反射现象，有的反射总体上可以概括为反射波发生分叉及合并、消失，在地震剖面中纵、横向上波组形态发生改变等。这些地震反射特征出现，往往预示地层的厚度或岩性、岩体等发生变化，也可能由断层或微裂缝所引起(图 1-29、图 1-30)，其解释原因往往是多方面的。地震反射分叉的含义如下：

① 在层系变厚的地方，单个反射波常常发生分叉，变成两个或多个反射，这个过程会经常重复。

② 在层系发生变化的区域。例如，从上覆在砂岩上的页岩变成一系列页岩与砂岩互层的情况下，就会由一个简单反射变成一系列反射。

③ 不整合面上的下超(角度不整合)关系，会使反射波发生分叉。

④ 上超(超覆不整合)关系也会使反射波分叉。

⑤ 微断层或裂缝发育区域，也会使反射波发生分叉，但总体在横向上延伸较短。

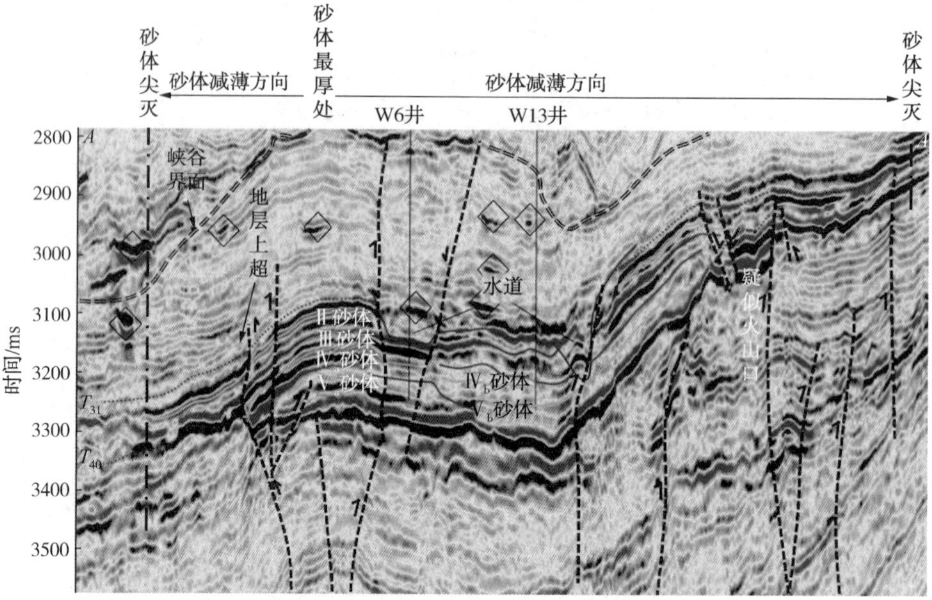

图 1-29　莺歌海盆地乐东 01 气田某测线上的地震资料解释示意图
(据许马光等，2021 年，略有改动)

整个砂体划分为四组砂体，砂体的顶及底为强反射界面，砂体被一系列断层所切割，图中方形(或菱形)区域为预测的水道位置，呈“串珠”状亮点反射特征，断层相对发育，呈高陡直立状，图中也可以见到上部的峡谷界面——双虚线位置，左侧大背斜核部的砂体最厚，并且向两侧呈减薄趋势，砂体整体上呈扁菱形状，砂体的增厚、尖灭均会引起同相轴的分叉及合并

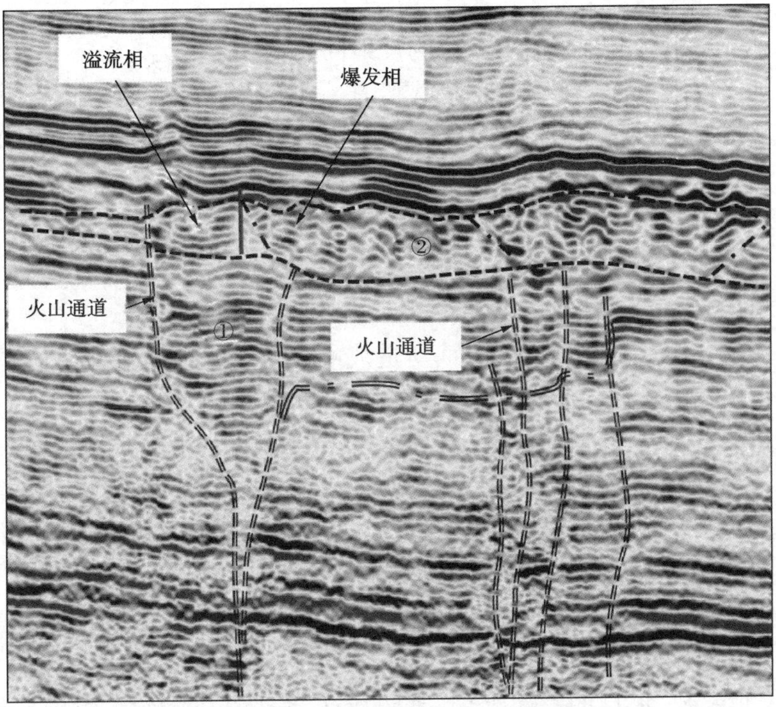

图 1-30　某勘探区的某测线上火成岩体的地震资料解释示意图
（据荀量等，2022 年，略有改动）

该地震剖面采用基于井驱处理的各向异性叠前深度偏移技术（Q-PSDM），可见火山通道在地震剖面上的体现（黑色双虚线位置），双虚线（点画线）区域为①号区域，火山岩相（高频，同相轴在垂向上呈密集状）与两侧的正常地层的沉积岩相（低频，同相轴在垂向上呈次密状）明显不同，①号区域[双虚线（点画线）与上部黑色虚线之间的区域]推测为溢流相区域，相对远离火山口区域，对于②号区域火山岩体，则在横向上可以将火山岩相分为四个部分，以黑色点画线作为分界线，在地震剖面上从左至右分别为溢流相、远爆发相及近爆发相等，溢流相则呈反射的层状形态相对明显，地震反射较连续，远爆发相则呈断续反射及反射强度中等、产状较为杂乱及呈扭曲状，反射的连续性较差，近爆发相则呈断续反射及呈强反射强度、产状杂乱及呈扭曲状，反射的连续性差，这些火山岩相的地震反射特征在横向上，与正常地层沉积所形成的反射特征差异相对明显，另外，②号区域的火山岩体与其上部地层的正常沉积的界面呈凹凸不平状，这个也是识别火成岩体的一个特征，另外，推测火山岩体内部的裂缝也相对发育，具备优良储层的条件

3）乱岗状反射结构。

对于乱岗状反射结构来说，其特征为反射同相轴由无规律、不连续、亚平行的反射同相轴构成。反射模式呈杂乱的岗丘状，反射的终止无规律，岗丘的起伏较小，在横向上常常递变为较大的更明显的斜坡结构，并且向上渐变为平行反射。这种反射结构多出现在前三角洲或指状交互层中，一般呈现低能沉积环境的特征。

4）杂乱反射结构。

对于杂乱反射结构来说，其特征为反射同相轴呈杂乱无章、不连续性或短粗状连续的地震反射结构。杂乱反射模式代表一种变化不定的能量在较高条件下的沉积。一般情况下，断层所造成的杂乱反射与正常地层所沉积成因的杂乱反射是不同的，两者具有一定的差异性。总的来说，引起杂乱反射的沉积体（或地质体）可能是滑塌沉积物、河道充填物及倒转构造、滩相内部的反射结构等，大型断层带也能够造成其断层带内的杂乱反射。

5）空白或无反射结构。

这种反射特征是由缺乏反射界面所造成的，这表明地层或地质体是均质体。在地质认识上，产生空白或无反射结构的往往是礁及泥丘等地质体。

1.2.3 地震资料解释内容

综合分析，常规的地震资料解释内容主要由剖面解释、空间解释及综合解释等三个方面组成，现分述如下：

1）剖面解释。在时间剖面上确定断层、构造、不整合面和地质异常体等地质现象，并把时间剖面转换成深度剖面。

2）空间解释。断层的平面组合、目的层位等值线的勾绘、目的层等深度构造图和地层等厚度图的制作。

3）综合解释。在剖面解释和空间解释的基础上，结合地质、其他地球物理资料进行综合分析对比，对含油气盆地的性质、沉积特征、构造展布规律、油气富集规律作出综合评价和有利区块的预测。

1.2.4 地震资料解释任务

地震资料解释任务主要是由地质任务决定的，并受相关的合同及指标要求约束。现分述如下：

1）确定反射标准层的构造、地层属性、接触关系、不整合面性质，并划分构造层；

2）确定盆地类型、盆地内构造基本特征和构造样式、空间位置与形态，以及火成岩体、盐（泥）岩体、礁体等地质体的识别；

3）确定并分析盆地内断裂的活动历史、断层性质，识别断层产状，进行断层平面组合；

4）分析盆地的演化历史、地层展布格架及其与构造的配置关系；

5）确定盆地的基本类型，划分各级构造单元，绘制各种比例的区域和局部构造图件；

6）结合其他物探和地质资料，对盆地内区带和局部构造进行油气综合评价，为勘探部署提供决策依据。

1.2.5 地震资料解释步骤

地震资料解释步骤主要是由一些流程来决定的，并受解释人员水平及认识、具体要求约束。现分述如下：

1）依据地震剖面的反射特征，确定反射标准层，并赋予其明确的地质意义；

2）通过波的对比，把不同地震剖面间真正属于地下同一地层的反射波识别出来；

3）解释剖面上同相轴所反映的各种构造地质现象，以及其相关的地震响应与成因机理；

4）作出区内反映地层起伏变化的构造图，并根据有关含油气方面地震地质信息，对其含油气性作出评价。

1.3 地震资料解释流程

在大量的地震资料解释实践中，据相关的工作经验及模式，可以建立相关的

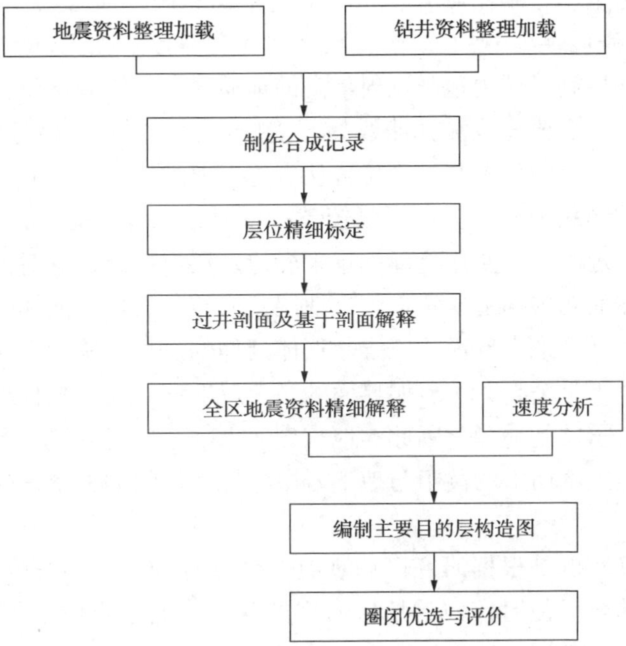

图 1-31 常规地震资料解释技术流程

构造解释技术流程图(图 1-31)，并可以对各个节点进行监控。一般情况下，地震资料构造解释的具体步骤为：①确定反射标准层。主要依据地震剖面的反射特征，选择特别明显的反射同相轴，结合地质解释赋予其明确的地质意义。②反射波的对比。运用地震波在传播规律方面的知识，对地震剖面进行去粗取精、去伪存真、由表及里的分析，把不同剖面间真正属于地下同一地层的反射波识别出来。③建立构造解释模型。主要根据反射波在地震剖面上的特征，结合各种典型构造样式进行类比与分析，确定解释剖面上同相轴所反映的各种构造地质现象，以及相关的地质响应与成因机理等。④构造平面图绘制。主要根据工区内地震剖面解释，作出反映某一地层起伏变化的构造图；并根据有关含油气方面地震地质信息，对其含油气性作出评价。

在实际操作中，相关研究区的构造精细解释为了与后续的储层解释(包括井—震联合反演、地震属性分析及地震相分析等)相匹配，解释用的数据体一般采用振幅保真数据体。精细构造解释工作具体可分成三大部分：地震地质层位标定及波组对比、断层解释及速度和成图方法研究。现分别对相关的地震资料解释步骤详细描述如下。

1.3.1 层位标定方法

地震层位标定是指利用测井、钻井资料所揭示的地质含义(岩性、层厚、流体性质等)和地震属性(振幅、波形、频谱、速度等)之间的对比关系，判别或预测远离或缺少井控制区域内地震反射信息的地质含义。地震层位标定是一项精细而又重要的工作，需要完成测井曲线的环境校正、地震资料极性和相位角判定、子波求取与选用、时间位置与深度位置认定等。要求一般精度时，声波合成记录与井旁地震道的同相轴要对应；要求较高精度时，二者的能量强弱关系亦对应；要求高精度的标定时，则要用叠前道集来标定。层位标定是对对比解释的反射波同相轴赋予具体而明确的地质意义，如地层、岩相、岩性、流体性质等，并把这些已知的地质含义向地震剖面或三维数据体延伸的过程。实际上，地震剖面上的一个反射波组并不是来自一个岩层界面的一个反射波，而是来自靠得很近的界面的许多地震反射子波的叠加。因此，地震剖面上一个反射波组并不严格对应一个地层分界面。地震剖面上的波组与地下岩层分界面之间的关系是既有联系又有差别的关系。

如某一解释实例是根据研究区内现有的钻井地质分层数据及 VSP 测井、声波测井资料，结合以往对该区的地层研究的认识，通过合成地震记录和 VSP 测井速度，实现对地震反射波组的地震地质层位标定。其中，合成地震记录是使地质模型和地震剖面联系起来的最有效手段，在层位标定、确定目的层波形及岩性预测等方面发挥较大的作用。

此外，对于没有钻井控制的部位，或钻井没揭示的层位，则根据区域(或邻区)地质特征、构造运动特点及地震反射特征，包括地层厚度、接触关系等，结合连井(其他有标定的井)剖面对比确定研究区内目的层位的位置。

另外，地震反射界面的命名在一个勘探研究区内应该是统一的。由于某些原因，地震解释人员有时往往把某一个反射界面视为某个地层的底面，也可以某一个界面作为(或代表)地层的顶界面(要求两者的误差不能太大)。如在川东北的地震资料解释工作中，层位名(T_{1j1})就是指嘉陵江组底的界面反射。统一命名的好处是让解释者一目了然，并很快理解地震层位解释的地质意义。

总的来说，地震反射层位标定是对地震剖面中某一个反射轴进行地质意义上的确定。如果不能对地震反射层位进行确定，就不能理解其地质认识，可能造成地震剖面解释的多解性问题。因此，必须做好地震层位的标定工作，只有这样才能进行地震反射层位的正确解释。在实际的地震资料解释中，对反射层位的主要要求如下：

① 地震反射层必须是在整个研究区内分布相对稳定及广泛，其地震反射的连续性相对较好。如在某个勘探区的地震资料解释中，设定相关的层位，一般为深水沉积的泥岩与其上部砂岩的界面，该界面相对稳定及易于追踪解释。因此，一般情况下，所设定的地震反射层可以为长期发育的沉积间断面、不整合面，或者是相对明显的岩性和岩相分界面等(图 1-32)。

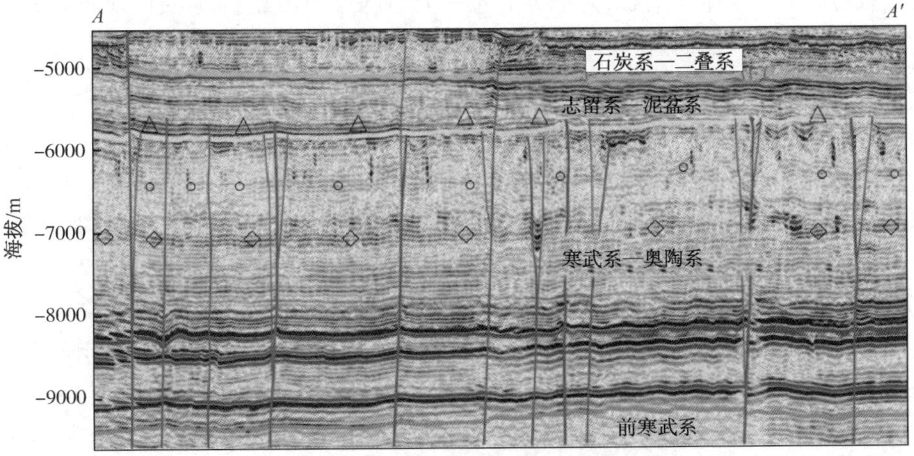

图 1-32　塔北隆起区某地震测线上的目的层标示示意图

(据江同文等，2021 年，略有改动)

由于该研究区的油气储层主要发育于奥陶系顶部区域，为了能精确研究岩溶储层及构造，可以设定三个目的层层位对区域上的储层进行预测及评价，地震反射层位分别设定为正三角形层位、圆点层位及棱形层位所对应的位置，另外，注意溶洞储层的地震反射呈“串珠状”亮点型，走滑断层附近也是储层发育的区域——短续的强亮点反射，灰色直立状实线为解释的走滑型断层位置

② 地震反射层要求具有明显的地震反射特征，一般以强波峰或波谷甚至零相位作为追踪点。其中，地震反射层的反射特征由波形特征及波组特征组成，波形特征包括目的层界面(点)的反射相位、视频率、振幅及其与上、下反射所组成的波形，波组特征是指目的层的反射波与相邻的反射波的关系或构成一个波组，并结合其波组特征对界面点进行解释。

③ 地震反射层要求能反映盆地内的构造—地层格架的基本特征，也就是将能反映主要的沉积间断面、不整合界面或基底面、关于油气勘探的层段等作为目的层界面，这些所确定的地震反射层位对研究区的目的层沉积相分析及构造分析是有利的。

1.3.2 层位解释技术方法

在实际地震资料解释中，基干测线对比分析后，应该对整个解释工区的地震数据进行快速浏览，粗略确定解释的目的层及断层。首先，在解释工作中确定标准解释层位(反射连续性好)，研究并追踪大套构造层；其次，对区域测线进行对比，实现地质构造层位和各个解释层位的全区对比；最后，对于复杂剖面的解释，要针对重点地区的复杂剖面段(如断层、扰曲、尖灭、不整合、岩性变化等)以及特殊地质现象(如平点、亮点)作出分析研究。解释实例如某研究区块由于是海相沉积地层，地震反射波组在横向上相对稳定，特别是其泥质沉积相对稳定，造成层界面可连续追踪。所以在进一步确认反射波组标定的可靠性以后，通过连井剖面和环形剖面进行反射波组识别及对比追踪，建立全区的连井骨干剖面框架；在此基础上，先设定相关的解释网格，根据从粗到细，由易到难，循序渐进，逐步深入的原则，对整个三维地震数据体开展对比及解释。首先，按解释网格为 20 线×20 道的密度进行对比解释，初步掌握全区的基本构造形态特征以及解释的断层、层位相对闭合和合理后，再将对比解释的网格密度提高到 10 线×10 道。其次，针对各个局部构造落实的需要，可逐步加密到 5 线×5 道、2 线×2 道，甚至可达到 1 线×1 道。如果在地震资料的纸剖面上进行解释，一般设定不同的层位对应不同的颜色，也就是某一种颜色代表某一个层位，断层一般用红色标示出其解释位置。如果在纸剖面上遇到目的层反射连续性差或不能确定其界面的区域，可以采用留白(不解释)或用虚线表示；另外，注意解释的层位所设定的颜色不能过深，避免解释错误区域的层位不易擦去。

在解释过程中，要注意目的层的波组对比，确定好解释层位。并根据解释的层位及平面图上的层位埋深情况实施解释，也可以根据这些成果来判断解释的可靠性。

1.3.3 断层解释技术方法

在落实断层的过程中，在搞清大型断裂展布的基础上，重点加强小断层的解释与组合。在这个过程中，可以采用相干体分析法和断点解释及平面组合法，以此来指导断层解释。

1）相干体分析。

对于三维地震数据体中的任意地震道来说，当遇到地下存在断层或某个局部区域地层不连续变化时，一些地震道的反射特征就会与附近地震道的反射特征出现差异，从而导致地震道局部的不连续性。相干体技术通过各地震道之间的差异程度，可以检测出断层或不连续变化的信息。在已完成解释的测网基础上，沿层或水平切片提取相干信息，结合地震波组特征和地质分层数据，分析推断研究区内的断裂展布规律，以便确立总体的构造格局和控制性断裂在平面上的展布特征。

根据地震信号的相关性原理，可以采用第二代相干算法对三维叠后偏移数据体进行相干处理，获得三维相干数据体。其中相干处理的各项计算参数，经过测试，一般分别选择为：相干道数为9、相干时窗为20ms、最大倾角扫描为6ms。

对相干体应用水平切片和沿层切片技术，观察地震信号相关性在横向上的变化特征。通常情况下，当地层沉积稳定或横向连续渐变时，地震信号相关程度较好。反之，当地层沉积不稳定，岩性在横向上发生突变时，则地震信号的相关性变差，特别是当有断层或裂缝存在时，由于地层的连续性遭到破坏，断层两侧岩性发生突变或裂缝造成岩体物性上的差异，形成地震信号不相关或出现负相关，并呈线状或杂乱状分布。因此，通过地震信号的相关特性，可以大致了解全区断层或裂缝的发育和展布特征。

2）断点解释及平面组合。

通过相干分析，初步掌握全区断层的分布特征后，根据地震反射同相轴的错断、扭曲及振幅、相位的变化等特征，利用垂直地震剖面进行断点解释及闭合。在解释过程中，应该对每一条断层分别命名，以利于区分及进行平面组合；并依据同一条断层的性质相同、断距渐变及断层两边地层结构等特征，结合各种数据体(瞬时振幅、相干体)的水平切片和沿层切片分析，进行各条断层的断点数据的平面组合。在此基础上，利用三维可视化分析技术，结合区域构造运动及沉积演化特点，进一步检查断层解释的合理性。

断层解释结果揭示断裂构造和断裂系统与沉积盆地的发展和演化密切相关，也是许多油气藏形成的基本控制因素之一。对各条断层解释后，在层位数据平面上进行断层多边形的编辑，并运用断层多边形数据及层位数据进行平面成图作业。总之，断层的解释相当重要，它可控制构造圈闭(油气往往聚集的区域)及认识地层的破碎程度。所以，对断层的精细解释相当重要，并且注意对相邻测线的断层解释结果、断裂解释模式及以前相关断层的解释结果进行更新解释。

在实际对断层的解释中，要在地震剖面上清晰地确定出断点位置，并且结合地质模型（层位解释数据等）及地震剖面上断层的反射特征，实施对断层的解释（图 1-33～图 1-35）。一般情况下，断层的解释要点主要如下：

① 地震反射波出现错断，但断层两侧的波组能对比，这一般是中、小型断层的反映；

② 断层两侧的反射波同相轴数目突然减小、增加或消失，断层两侧能对比的波组呈较大规模的落差，预测为大型断层所导致；

③ 断层两侧的反射波形状出现改变，或出现分叉、合并及扭曲状，甚至出现空白反射；

④ 断层面附近的异常波发育，如断面波等。

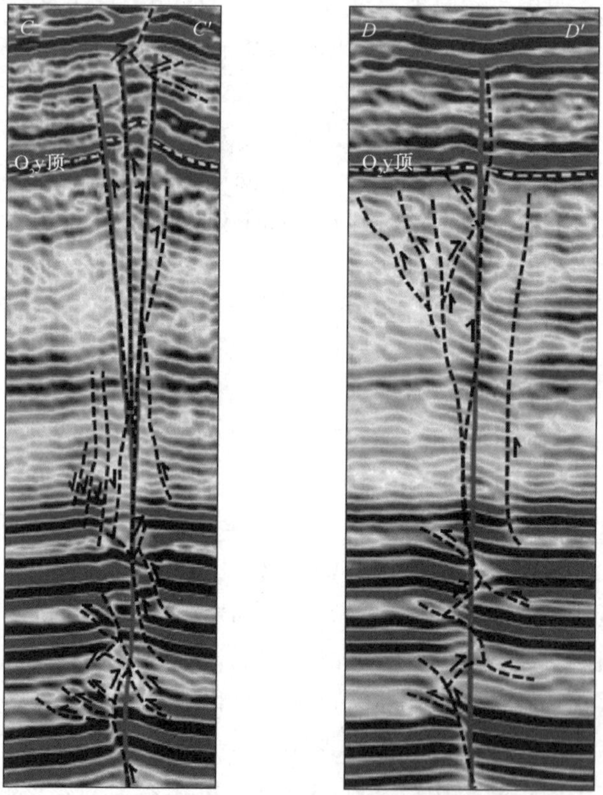

(a)过某条走滑断层(压扭段)地震剖面　(b)过某条走滑断层(平移段)地震剖面

图 1-33　塔北某区某地震测线上的断层解释示意图（据汪如军等，2021 年，略有改动）

地震剖面中的黑色虚线为解释的断层位置，单箭头方向为断层上盘的运动方向，灰色实线为原断层解释成果

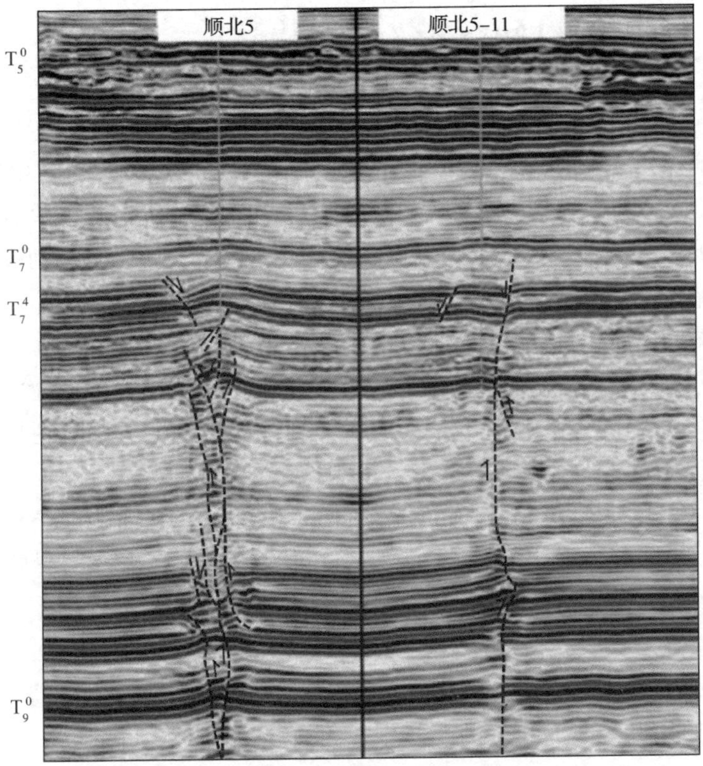

图 1-34 顺北某地震测线上的复杂断层体系解释示意图
（据郭旭升等，2022 年，略有改动）

地震剖面中的黑色虚线为解释的断层位置，单箭头方向为断层上盘的运动方向，注意顺北 5 井及顺北 5-11 井均打在复杂断层带上，顺北 5-11 井打在走滑断层的上盘，微幅背斜构造区上，井段上局部的“串珠状”亮点反射特征明显，两口钻井均为大斜度井，这样的钻井方式有利之处为尽可能穿过溶洞储层及钻井工艺难度相对降低

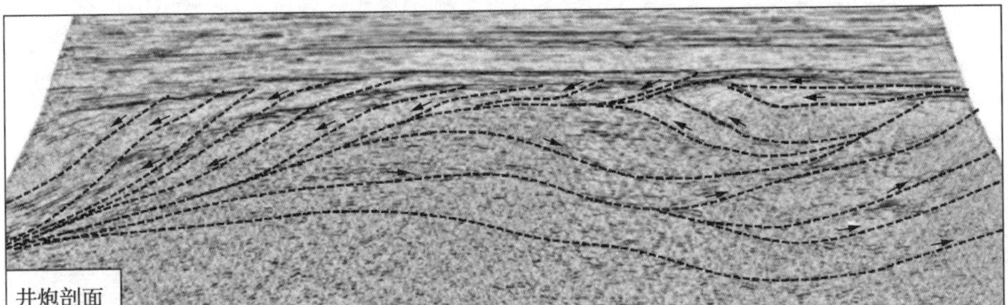

图 1-35 YC 中古攻关线中的断层解释成果示意图（据朱峰等，2021 年，略有改动）

1.4 地震资料解释多解性问题

在地震资料解释实践中，由于相关的地震资料解释员的经验、认识及模型的不同，还有解释的精准性及地震资料品质的问题，可能导致多解性的产生。如在某一个勘探区，对某一条地震测线的解释，一些解释员认为其为火成岩侵入体造成的杂乱反射，并解释出火成岩体的边界(图 1-36)。但是一些勘探者认为，在该区域内存在一些解释问题：①地震剖面中的杂乱反射均位于中、深层，而从邻区的钻井资料的地层对比认为，该段应为下古生界地层出现的部位，由于全盘地下古生界地层内火成岩侵入少见，火成岩多堆积在上古生界的二叠系地层之中，故认为地震剖面中的杂乱反射不是火成岩；②该区域的重、磁和遥感资料也均未发现火成岩体引起的异常(图 1-37)。纵观这两种解释方案，图 1-36 的解释方案中，一个最大的问题是对异常体的边界刻画不够准确，从而造成解释结果不能接受；图 1-37 的解释方案也发现存在一定的问题，如断层下部的异常体的解释仍然没有给出结果。鉴于上述两者的地震资料解释成果，本次提出了另外一种解释方案(图 1-38)。在新的解释方案中，精确地解释出了异常体的位置，异常体的顶部发育一系列正断层，异常体推测为盐岩体(排除火成岩体，也可能是泥岩体，但概率不大，生物礁滩的可能性很小)，其上部为良好的油气储层。

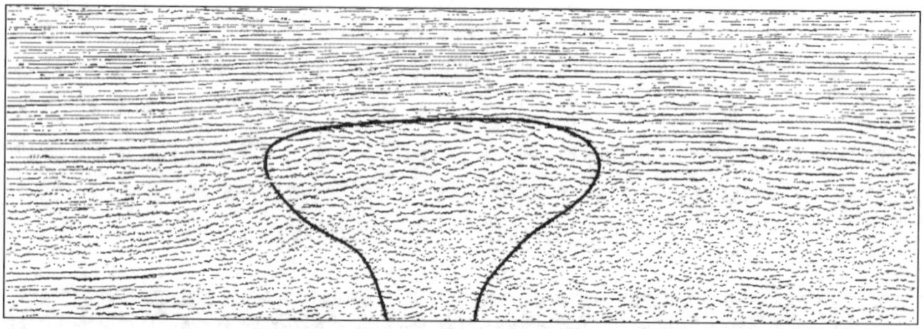

图 1-36　某勘探区的某测线中的火成岩侵入体解释方案示意图(据沙言，1993 年)

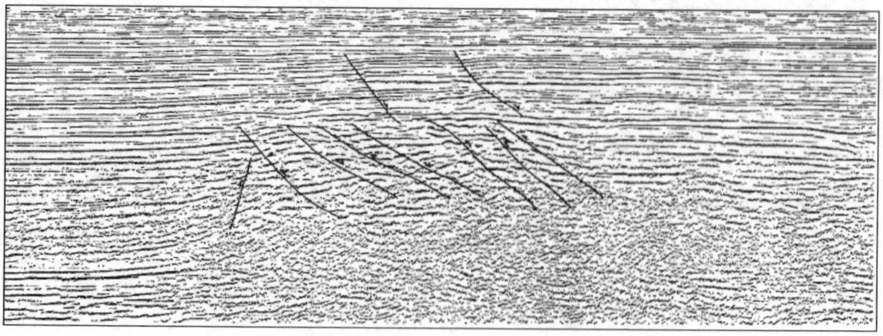

图 1-37　某勘探区的某测线中的另一种解释方案示意图(据沙言，1993 年)

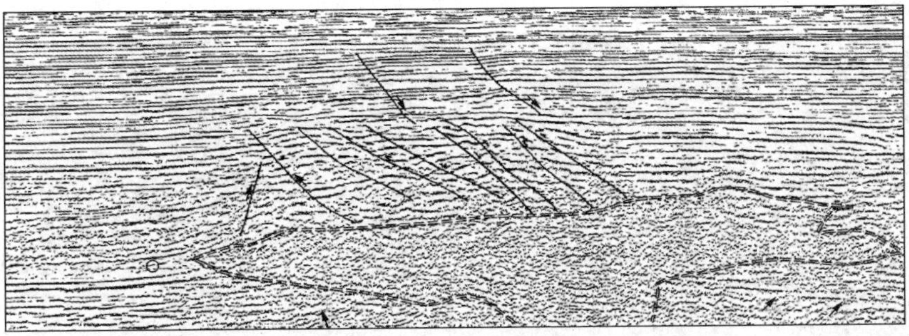

图 1-38　本次综合两个解释成果的新解释方案示意图(据沙言，1993 年，略有改动)

图中的双虚线位置为推测的盐岩体，呈蘑菇状(扁平状)，盐岩下两侧的地层局部向上翘(见图中的黑色箭头位置)，圆圈处出现侵入状(三角形结构)，盐岩顶部的正断层发育，造成地层的反射同相轴呈局部杂乱状

另外，在一个区域的地震资料解释中，也存在多解性的问题(图 1-39)。在图 1-39(a)中，对于某勘探区的断层解释的讨论，原断层解释为反向阶梯状断裂系。但对地震剖面仔细分析后发现，地震剖面的断层是一种复杂的体系，正断层与逆断层混杂，一般为上部地层发育逆断层，下部则以正断层为主，并且一些异常体[推测为盐岩体，图 1-39(b)(c)中的双虚线区域]与断层呈伴生关系。另外，由于只有一个地震剖面，因此，也存在解释不确定的因素，必须对相关断层及异常体在三维空间上进行追踪性、验证性的解释后(三维空间解释可对其闭合)，才能确定出最终的解释方案。

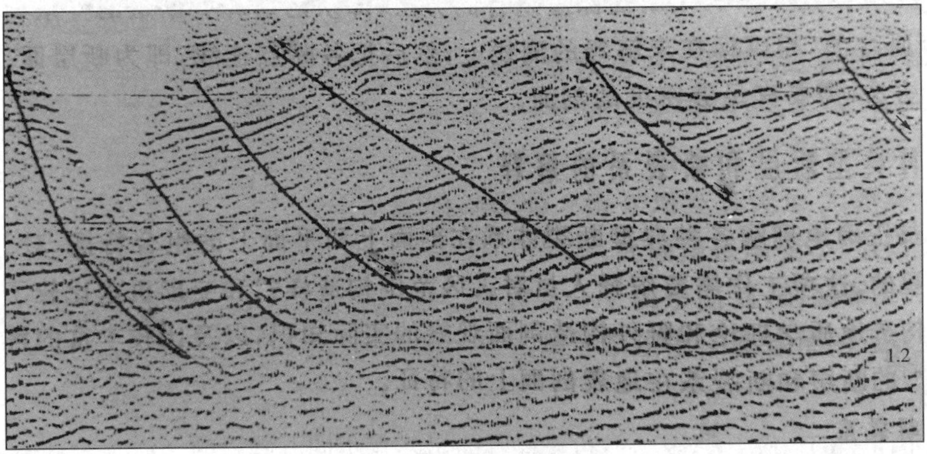

(a)原专著的断层解释模式

图 1-39　某勘探区内某测线的地震资料断层解释成果示意图

(据孙家振等，2002 年，略有改动)

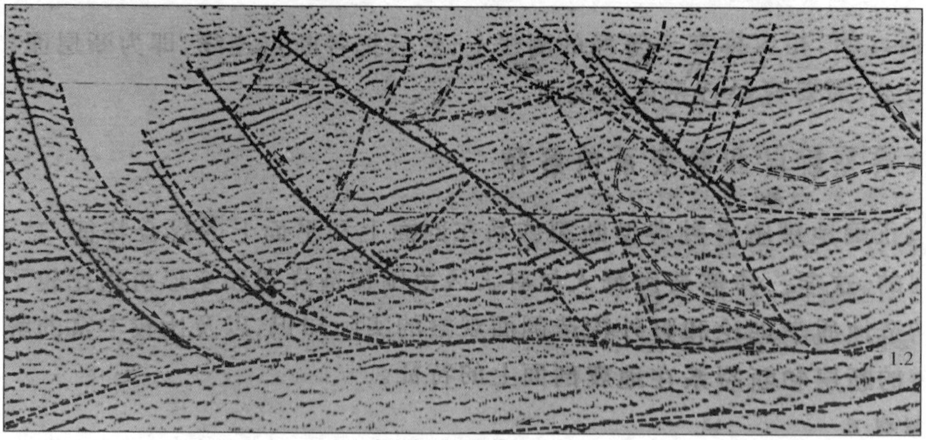

(b)本次断层解释模式一

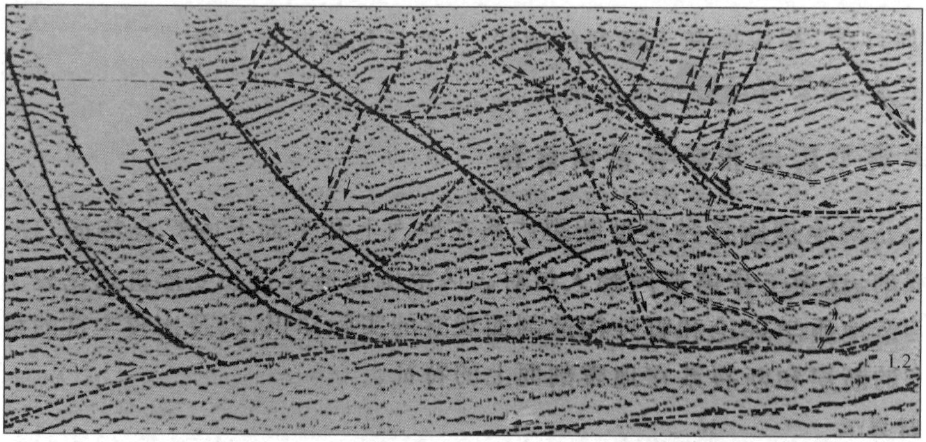

(c)断层解释模式二

图 1-39　某勘探区内某测线的地震资料断层解释成果示意图

（据孙家振等，2002 年，略有改动）（续）

图（b）（c）中的黑色虚线为本次断层解释的断层位置，单箭头指示断层上盘的运动方向，

灰色双虚线区域预测为盐岩体的位置，可见该剖面的地质现象相当丰富

此外，在一个区域的某一条测线的地震资料解释中，不同的解释者具有不同的解释模式，并且对利用 VSP 剖面镶嵌进地震剖面中，也存在不同的解释方案（图 1-40）。究其原因，不同解释者的出发点不同，解释的学识及素养不同，个人的经历及认识等不同，都会造成地震资料解释的多解性问题。

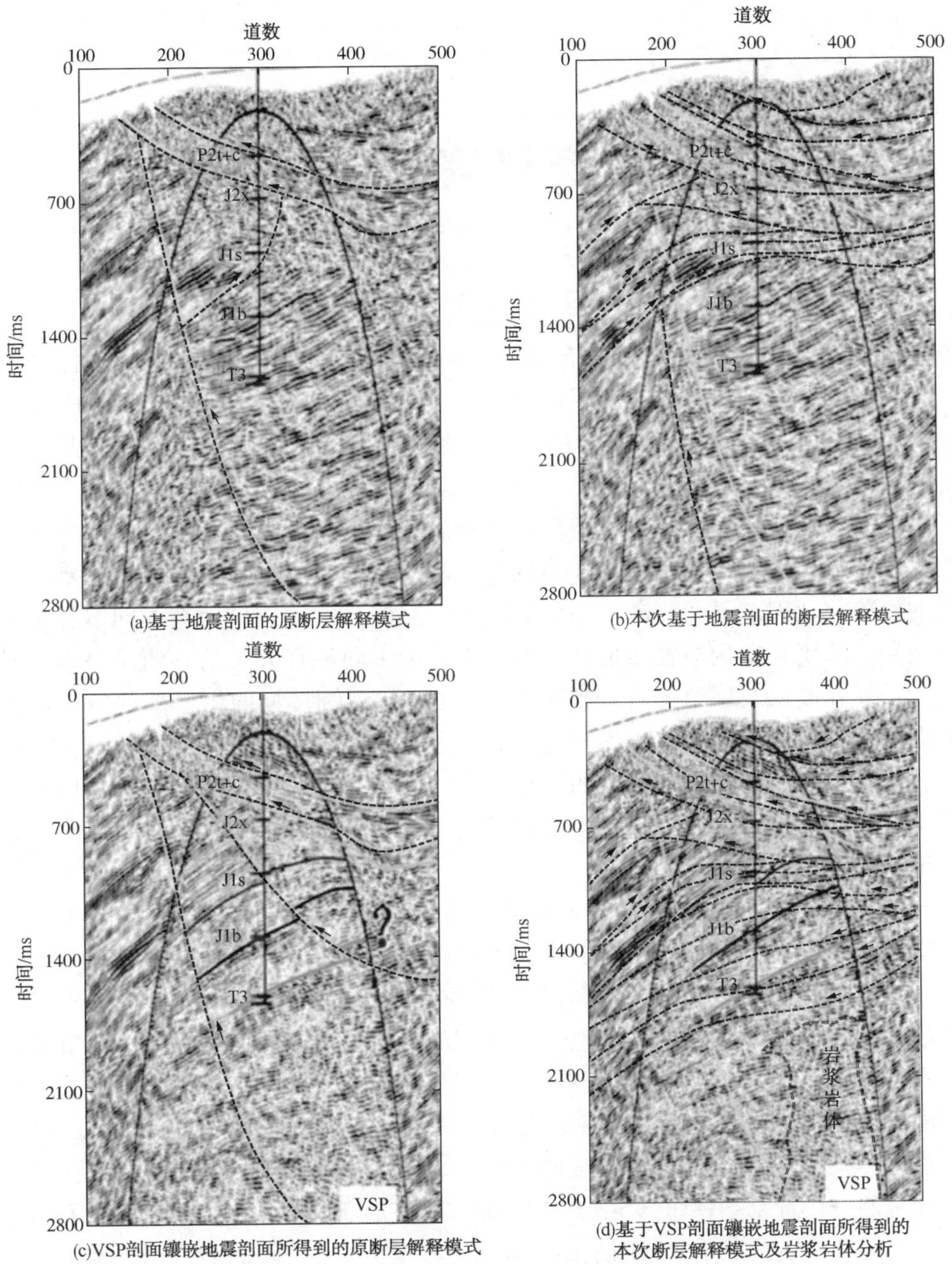

(a)基于地震剖面的原断层解释模式

(b)本次基于地震剖面的断层解释模式

(c)VSP剖面镶嵌地震剖面所得到的原断层解释模式

(d)基于VSP剖面镶嵌地震剖面所得到的本次断层解释模式及岩浆岩体分析

图 1-40　某勘探区内某测线的地震资料中基于地震资料的差异而产生不同的断层解释成果示意图(据蔡志东等，2022 年，略有改动)

图中的黑色虚线为解释的断层位置，单箭头为解释断层的上盘运动方向，双虚线所圈定的区域为解释的岩浆岩体位置

2 地震资料精细解释技术

大量的勘探实践经验证实，地震资料解释是运用波动理论和相关的地质模型、波组特征等，并综合已有的钻井资料及测井资料对所获得的勘探区的地震数据进行关于构造解释、岩性及烃类检测等，从而得到相关的成果图件，并可以对相关的油气勘探区进行含油气评价，提出勘探井或开发井布设的建议。

目前，油气勘探方面对地震资料解释的要求越来越高，因为它是油气勘探中重要的一个环节。在实际操作中发现，不同解释者的解释成果往往受到解释者的经验、认识水平及判断等条件的制约，对同样的地震剖面有不同解释认识及结果。特别是在构造复杂地区，解释成果因不同解释人员的判断而显得差异较大。如在断层及层位的解释模型上，可谓千差万别(如四川盆地的镇巴山前带勘探区及川中某些高陡地区等)。在构造简单的勘探区，可能大部分的地震资料解释员都能得到大致相同的解释成果，但也有部分地震资料解释员因为认识不足及不够细心，导致其对断层及层位解释失败了——得到了错误的解释结论。

现阶段，通俗地说，地震资料解释主要是凭借解释者经验及认识、判断等在地震剖面上进行断层及层位的描画，从而得到相关的层位及断层数据。众所周知，地震剖面作为时间域地下各种目标体的反射振幅的集合体，包含了各种各样的波场信息及地层界面的反射信息等。只有了解了这些波场信息并建立正确的解释模型，才能更好地实施地震资料解释工作。在地震资料解释过程中，层位及断层的解释是第一位的；可以对目的层的异常体的边界进行解释(如河道及火山、生物礁等)，或追踪异常体的顶或底界面等。在解释过程中，要了解断层在地震剖面上的分布特点——如“y”字形断层或“入”字形断层等，一些断层的平面组合及其机理。一般情况下，断面上的断点相连基本上是一近圆弧状、呈上陡下缓状的模式，当然，也有直立状断层或倒转型断层出现。在实际的地震资料解释中，解释员要针对目的层的反射特征，注意其波组的组合特征及目的层波组的连续性问题，并以井上标定的层位为中心，向四周进行追踪性解释。在勘探区内的实际地震资料解释过程中，建立起已过井的骨干剖面后，再设定解释网格，实施断层及层位的解释并注意它们的闭合情况。

此外，在地震资料精细解释过程中，要吃透相关资料(地质及地震资料等)，特别是针对目的层的异常体解释，在解释过程中，一定要以胆大、细心的态度进行。如在四川盆地的某些勘探区的早期油气勘探中，由于解释者对礁滩异常体的位置解释不到位或认为没有异常体存在——主要是对地震资料不能吃透，造成当时的勘探者放弃这些区块。而后来的勘探者不放过地震剖面上任何的蛛丝马迹，确定出细微(或较难识别)的异常体位置，再加上利用后续的三维地震勘探资料确定礁滩体的准确位置，精准布设勘探井，从而一举获得成功。这些例子证明，地震资料解释工作要精而细，要达到大胆解释、小心求证。通过实施对目的层或异常体的准确解释，才能更好地了解地下地质情况并获得油气的发现。

2.1 地震构造解释基本方法

传统的地震资料解释相关的主要步骤，可以分为地震合成记录标定、地震数据体浏览及波组对比追踪、断层解释及时间域(或深度域)目的层的等值线图编制、储层厚度成果等，另外，还可以包括构造演化及成因分析、构造与油气成藏等关系的研究，从而为后续的钻井布设或研究区总体的油气勘探潜力评估打下基础。现将地震资料解释相关的主要步骤简述如下。

2.1.1 地震合成记录标定

利用地震数据及井上的地质数据、测井数据等建立一个桥梁，这个桥梁对地震数据体上的反射波组进行地质意义上的描述及评估，这个就是地震合成记录标定的意义。通过对相关过井的地震剖面上(井段及附近)的反射波组进行标定，从而确定相关将要实施地震资料解释的层位；并且确定其反射特征，以便于后续的追踪及解释。一般情况下，常用的对地震时间剖面上波组标定主要有两种：①地震合成记录与过井地震剖面特征对比；②VSP 合成地震道与过井地震剖面特征对比(图 2-1)。通过相关的合成记录标定处理后，可以赋予地震剖面中的相关地震反射波组的地质意义，并且对其进行空间上的解释。

2.1.2 地震资料构造解释

在对地震数据体中的相关地震波组进行标定及确定相关的地震解释目的层后，再建立相关的地震解释测网，从而实施解释测网内的地震层位及断层的解释工作。在实际操作中，所建立的地震解释测网可以先大后小，这样对精细地震解释是有利的。对于层位解释工作来说，可以在确定目的层的地震反射波组特征的

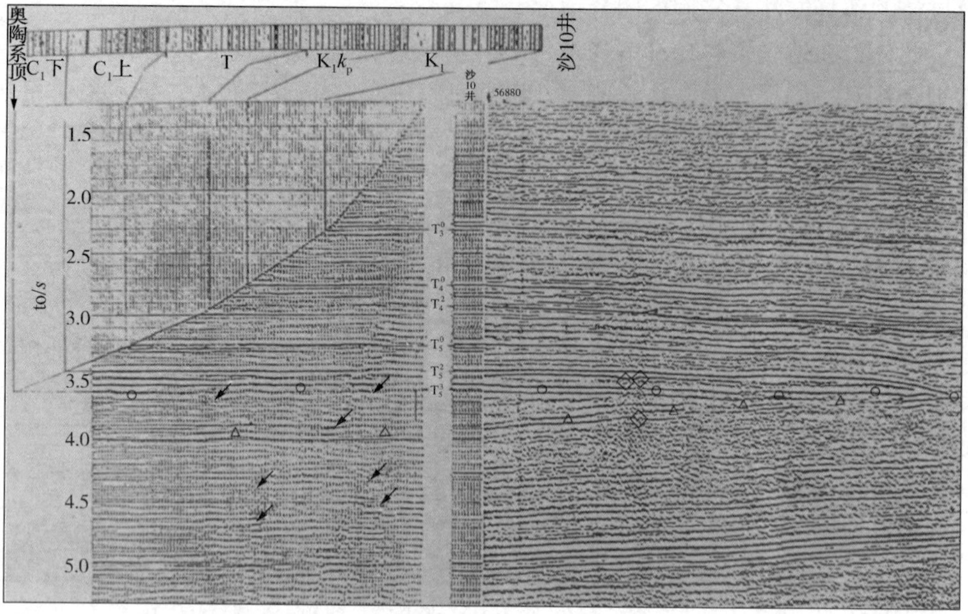

图 2-1　塔里木盆地某勘探区内沙 10 井的 VSP 桥式对比示意图
（据陈开远等，1993 年，略有改动）

T_5^3层为奥陶系顶界面（通过其他地震资料确定），可见其为一个区域剥蚀界面（圆圈处的地震反射），由于缺失了志留系及泥盆系的局部沉积，奥陶系的剥蚀及溶蚀时间很长，造成奥陶系内部的岩溶相对发育，见黑色箭头位置的可疑溶洞反射，方形圈内为绕射——推测为尖灭界面或岩溶异常造成的，三角形的层位为奥陶系内部的反射（o^3与o^2+o^1的界面），可见沙 10 井没有打在奥陶系异常区域。另外，由于二维地震资料限制及采集、处理目的层不同等因素，奥陶系内部关于岩溶体异常的"羊肉串"反射特征相对不明显

基础上，对其进行过井的联络测线及解释测网等同相轴的追踪对比；并再次在加密测网（小网格）上进行层位的解释及闭合工作。这个工作方法也适合于断层解释，在实际地震资料解释中应该灵活运用。

对于地震构造解释工作而言，断层解释是相当重要的，它往往影响到层位解释的正确性及构造描述。一般情况下，断层解释的重点是在地震剖面上识别断裂，并且在三维空间上对其进行闭合；断层解释工作一般本着"先大后小、先主后次、先简单后复杂"的模式进行断层解释及闭合，断层的组合要根据力学原理明确其成因及类型，判断符合区域应力场特征与否及其切割关系等。在实际的地震资料解释中，对断层的识别及解释可以依据下述主要的几点要素来进行：

① 在偏移地震剖面上，可以通过断面波、断层两侧反射波同相轴错断、相位转换、两侧同相轴产状变化、同相轴的弯曲形变、同相轴消失或呈杂乱状等判断断层的位置（图 2-2）；

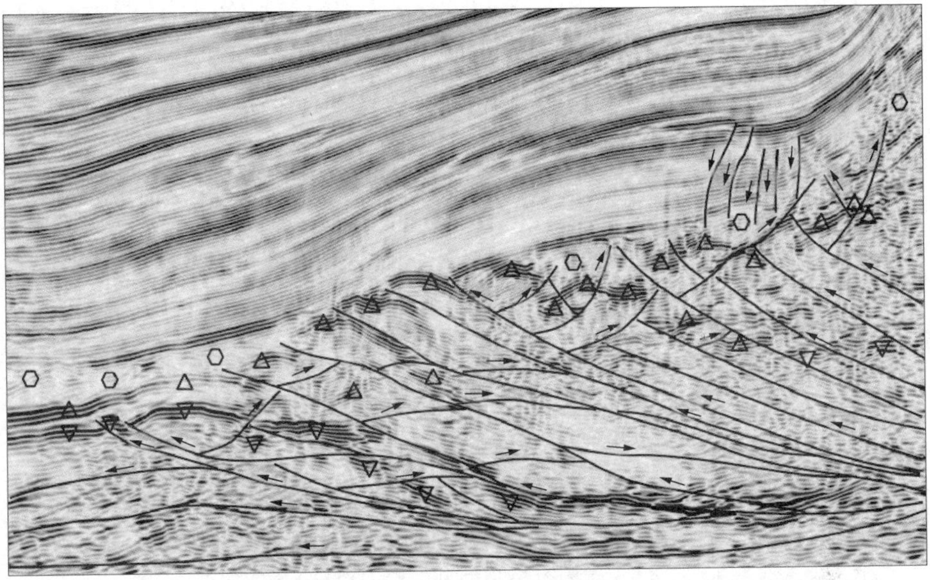

图 2-2　地震资料解释中对相关层位进行识别及追踪、不同断层（灰黑色实线）解释识别示意图（据江民等，2015 年，略有改动）

图中的不同外形代表不同层位识别，六边形区域为膏盐岩体位置，以此为界，分上下两套地层，上部地层为陆相地层，下部为海相地层，陆相地层发育正断层，海相地层发育逆断层，单箭头方向为断层上盘的运动方向，其中，正三角形的层位为储层的顶界，可见陆相地层下伏的构造相对复杂，具有山前带推覆作用的特点

② 在水平叠加剖面上，可以借助断层边缘所产生的绕射波，来对断层进行识别；

③ 计算与断层识别相关的地震属性数据体，并沿层提取其地震属性平面图，在其上进行相关的断层识别及解释；

④ 对所解释的断层要设定可信、较可信及可疑等相关评价等级，这样可以让其他解释员了解断层解释结果的可靠度[图 2-3(a)]。

另外，在地震资料解释工作中，还需要注意河道、礁滩相、断缝体及溶洞、盐岩、泥岩体、火山岩体等特殊地质体的解释[图 2-3(b)～(d)]，并明确其相关的反射特征及解释技术。

2.1.3　构造成图

该步骤主要是利用所得到的层位数据及断层数据，进行关于目的层的时间域或深度域的构造成图工作。在实际操作中，成图所使用的时深关系对成图的精度影响是相对较大的，因此，必须使用相对精确的时深关系，才能得到相对精确的构造图。

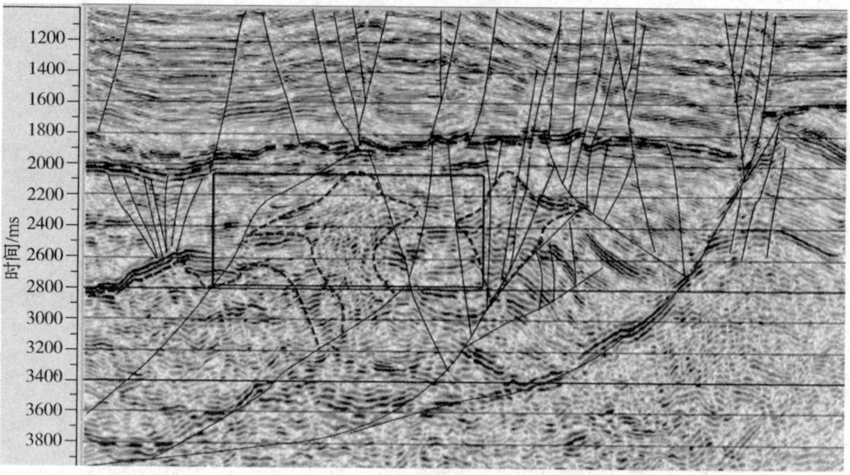

图 2-3(a)　南堡 5 号构造某地震剖面中的断层解释结果示意图

(据王殿举，2015 年，略有改动)

图中粗黑色虚线为解释的古潜山顶界面，古潜山顶界面的断层解释结果设定为可靠，古潜山内部的断层解释结果可以设定为较可信及可信、可疑，图中黑色双虚线为解释的岩浆岩体的位置，图中的灰黑色细实线为解释的断层位置

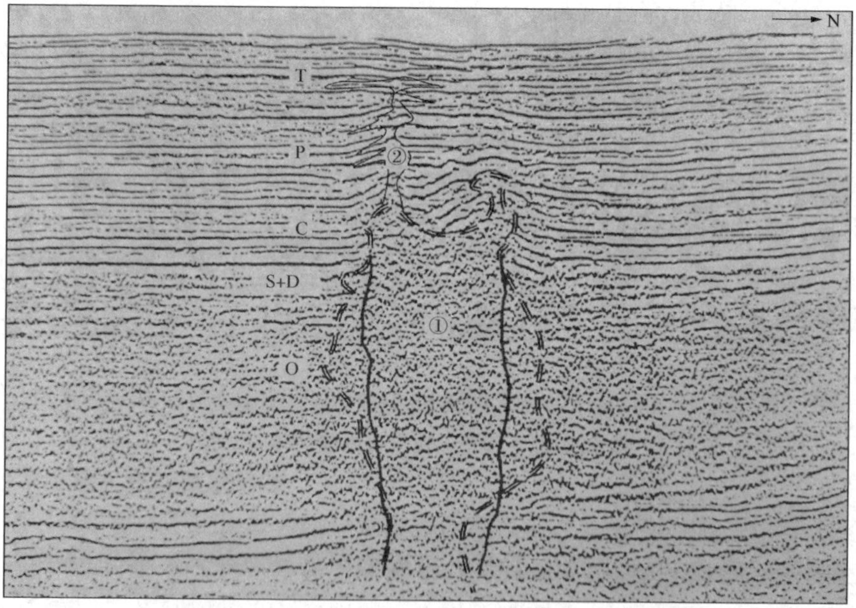

图 2-3(b)　塔中隆起区的火山岩底辟构造示意图

(据杨春林，1997 年；转引自杨克绳等，2006 年，略有改动)

火山岩至少发育两期，①期规模相对较大，并且向上部地层进行侵入，侵入②期，黑色双虚线为本次解释的火山岩侵入体，黑色实线为本次解释的②期侵入体，其规模比①期小了很多

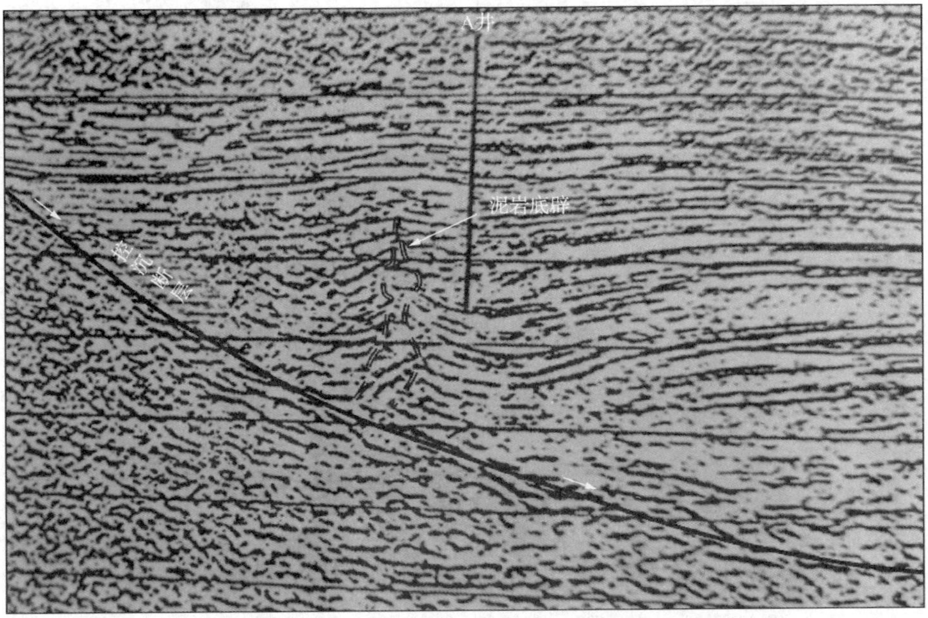

图 2-3(c)　某勘探区的泥岩底辟(灰色双虚线区域)构造示意图

(据梁淑贤，1987 年；转引自杨克绳等，2006 年，略有改动)

可见泥岩底辟发育于大型的区域控沉断层的上盘，泥岩底辟造成两侧的微幅向斜区域的形成，另外，底辟区域的顶部出现微幅背斜构造，泥岩区域内部的地震反射呈空白、杂乱状，与其两侧正常沉积地层的反射差异相对明显，黑色单箭头指示方向为大型控沉断层的上盘运动方向

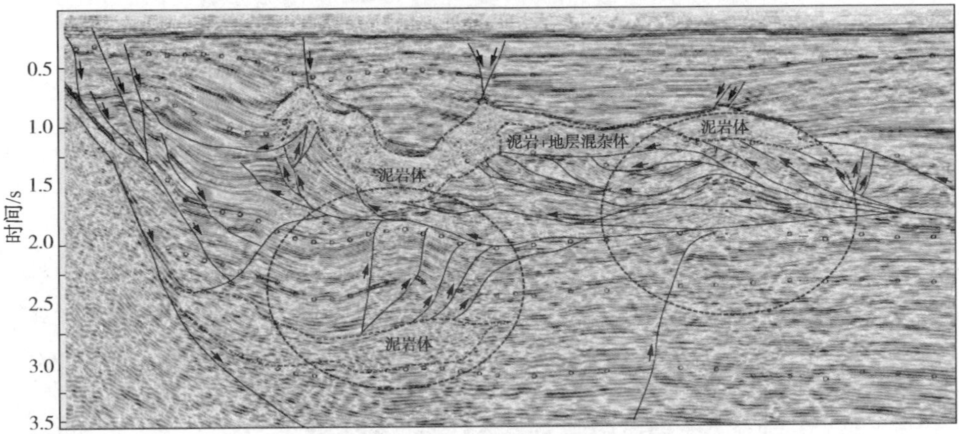

图 2-3(d)　某勘探区的泥岩体(灰色双虚线区域)及混杂岩体(以泥岩体为主)等地震资料解释示意图(据胡言防等，2020 年，略有改动)

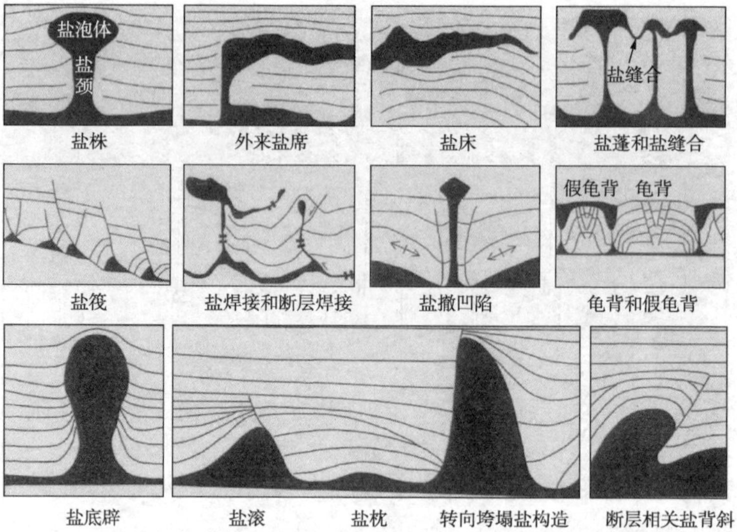

图 2-3(e)　过相关盐构造的地质剖面形态示意图(据余一欣等，2011 年；Quirk and Pilcher，2012 年；转引自吴珍云，2014 年，略有改动)

图中的黑色区域为盐岩区域，灰色线条为层位界面，注意断层也就是灰黑色实线

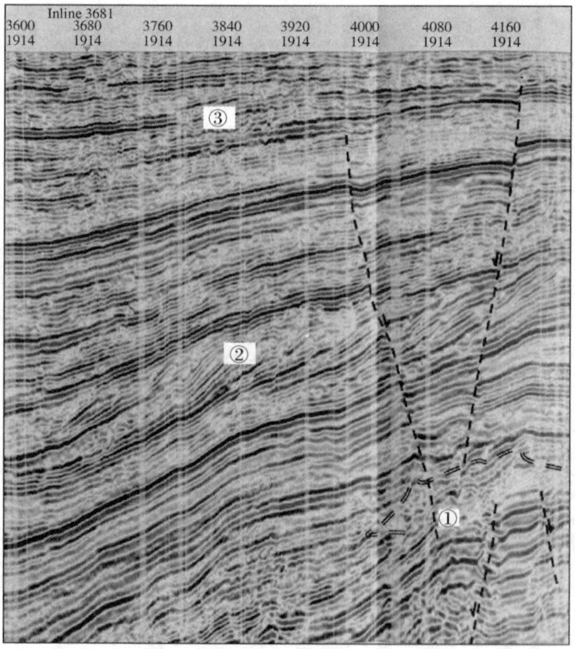

图 2-3(f)　我国东部某勘探区某条地震剖面中的关于地质异常体解释示意图(据孙盼科等，2021 年，略有改动)

图中①号区域(双虚线圈定区域)为疑似生物礁体所在区域，②号区域为大型三角洲前积体所在区域，③号区域为河道所在区域，断层由黑色虚线表示，单箭头方向指示断层上盘的运动方向

2.2 地震构造精细解释特点

对相关勘探区传统的地震资料解释成果，再次形成地震资料精细解释技术是在对地震资料吃透的前提下，对断层及层位进行严格的、代入地质模型的解释。在实施相关精细解释的情况下，地震剖面上的一些小断层及层位的产状的微弱变化应该被识别及解释出来。地震剖面内的每一条同相轴都应被赋予一定的地质意义，如不同的岩性界面或油气异常所造成的界面反射等。在地震资料精细解释过程中，要对相关的解释成果进行验证，或者对解释的层位及断层进行多次或多轮解释，直到得到完美的解释结果(图 2-4)。一般情况下，地震资料精细解释要求解释者思路清晰、解释过程细致、解释结果合理、解释成果美观等，具体应该做到如下几点：

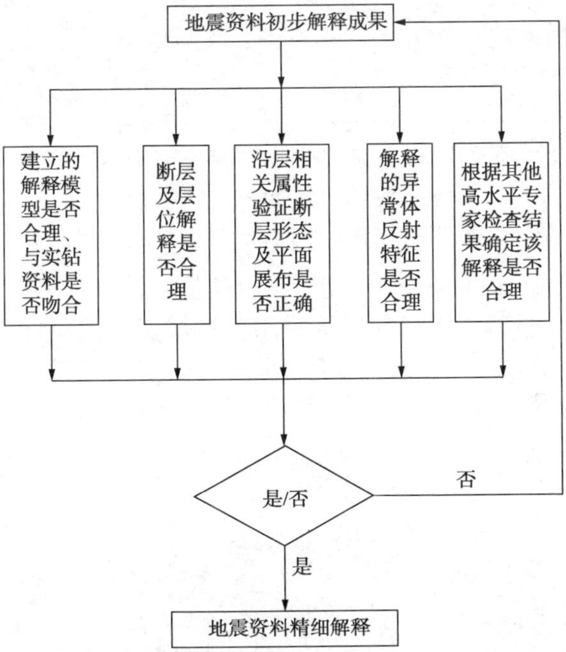

图 2-4　常规地震资料精细解释的技术步骤示意图

① 建立正确的解释模型，对地震剖面上的目的层段的反射波同相轴做出准确的判断及识别，确定其产状及形成原因，合理地进行层位及断层的解释工作。

② 对断层造成反射波的杂乱及同相轴错断、断面波的识别等应做出合理的判断，在地震剖面上精确地画出断层线，断层线要穿过剖面上已知的断点或杂乱区等。一般情况下，所解释的断面形状要求相对圆滑，断层样式要求合理，符合研究区域的地质认识。

③ 要充分认识解释工区的地质情况，特别是针对目的层的一些特殊地质体(生物礁、火山、河道等)要了解其异常体的地震反射特征。在解释过程中，

要结合这些特殊地质体的分布情况对目的层进行验证性解释，关于不整合面的地震资料解释也必须注意。

④ 在地震资料解释过程中，解释员要细心，不放过可疑的解释结论，并反复修改解释模型，使其很好或最优化地表达地下的地质情况，让地震解释结果与地质认识(或地表地质情况)、钻探成果相吻合(图 2-5)。

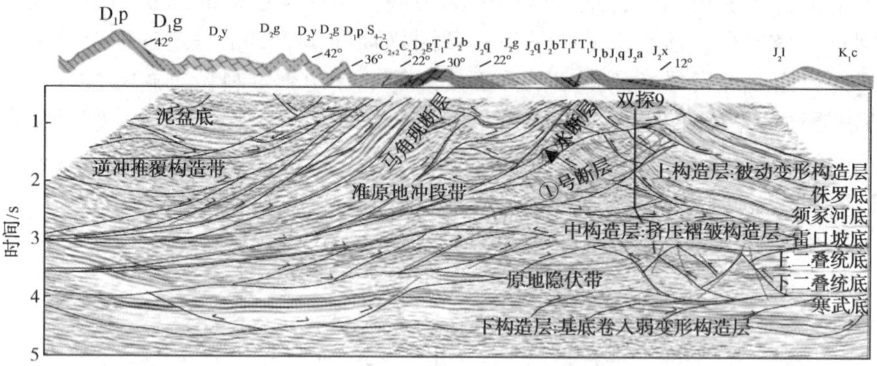

图 2-5　基于地表地质及井上信息实施地震资料解释中不同断层解释结果示意图

(据张连进等，2020 年，略有改动)

灰黑色实线为本次断层解释成果，灰色实线为原断层解释成果，单箭头指示断层上盘的运动方向

⑤ 在地震资料解释过程中，要充分结合其他属性数据体(如相干数据体、瞬时振幅数据体等)，进行关于目的层的一系列沿层切片的属性提取，从而实现解释结果与相关属性的相互验证，并根据验证结果及已有的钻井资料等进一步修改以前的解释结论(图 2-6)。

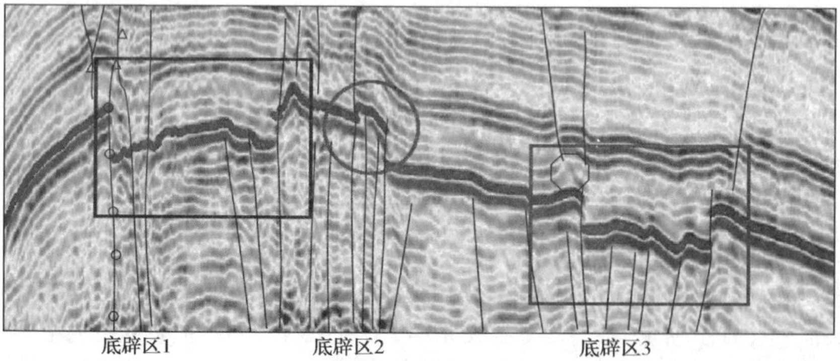

图 2-6　某勘探区内的泥岩或膏盐岩底辟作用及其解释结果示意图

(据杨平等，2020 年，略有改动)

图中的圆点区域为同一条断层的断点位置，三角形也是同一意义，八边形区域解释为一个小型盐岩体隆起，底辟区域显示地震反射杂乱，正断层呈以底辟为中心的发散状，可见这三个底辟区的规模相对较大，影响上部地层的变形及褶皱的形成，总的来说，这三个底辟区整体上对这个大型背斜带的形成具有一定的意义

⑥ 在地震资料解释过程中，要注意解释数据体的选择。原则上要求地震数据体是高分辨率的数据体，目的层反射特征清晰及断点性质明确等，真实反映地下地质现象。

2.3 地震构造精细解释实例

由于在钻井过程中发现，钻井的资料与地震剖面上的解释资料不吻合，因此需要进行地震资料精细解释。如在某油田的某口钻井钻进过程中，钻井钻遇了两条断层，而在地震剖面上只解释了一条断层。这样造成了很大的困惑，后来再次对过井的地震剖面进行更准确的地震资料解释，证明确实是可以开出两条断层的。因此，对地震资料进行精细解释是相当重要的。当然，在实际的解释过程中，要注意结合地震剖面及平面上的成果及认识，相互验证及不断地修改解释模型，从而得到相对符合勘探区地质认识的解释结果。

在实际地震资料解释过程中，笔者发现不少油气勘探区存在不少的地震资料解释方面的问题。如在断层解释方面，断层解释相对“粗糙”，有些应该解释出来的断层没有对其解释；又如对某些地质体认识不清，解释概念混乱等；再如解释的断层断穿相对完整的反射层位，层位解释存在“串相位”等。有鉴于此，现分别将相关的问题描述如下。

2.3.1 断层精细解释

四川盆地的茅口组—栖霞组一直是该盆地的主力油气产层，对其研究也很深入。大量钻井资料显示，钻遇白云化作用的岩层及缝洞型的储层均可能获得高产工业油气流。这些获得高产工业油气流的井在钻遇这些储层的过程中，往往发生气侵、井涌或井漏等情况。一般情况下认为，茅口组的白云岩化与火山热液的作用有关，而断裂又促使其储层中裂缝发育，因此，茅口组可以成为良好的油气储层。

对图 2-7(a)的地震资料进行精细解释，可以得到图 2-7(b)的地震解释剖面。对图 2-7 两个地震剖面的解释成果进行对比可以发现，经过地震资料的精细解释后[图 2-7(b)]，目的层段内的断层数目相对增多了，解释的结果更为合理。从断层精细解释的成果来看，剖面中右部的断层群相对密集(使目的层段内的一套稳定沉积产生错断或不可识别)，但大都不冲破上部地层(上二叠统层位)。从解释的成果来看，剖面的中右部目的层内的反射层相对杂乱，不成层状且厚度相对增大，应该是该目的层内相对密集发育的断层造成的，这些层间断层可能会造成目的层的裂缝及溶洞相对发育、地层重复而使其厚度相对增加。在该区域内打井，推测钻遇裂缝+孔洞型储层的可能性相对较大。另外，将图 2-8 与

图 2-9 的解释成果进行对比，可以发现图 2-9 的地震精细解释结果相对更为合理。如大型逆断层的下盘小断裂发育，推测其相关的微裂缝体系发育，再加上下盘潜伏的背斜构造，推测这个背斜是下一步该勘探区茅口组油气勘探的一个重要的布井区域。图 2-9 的断层解释模式与南天湖的天页 1 井构造区的解释模式是相似的，都是大型逆断层下盘发育小型断层(当时的地震解释认为不存在小型断层，钻探后发现，重新修改解释方案)，这也为相关的钻井资料所证实。

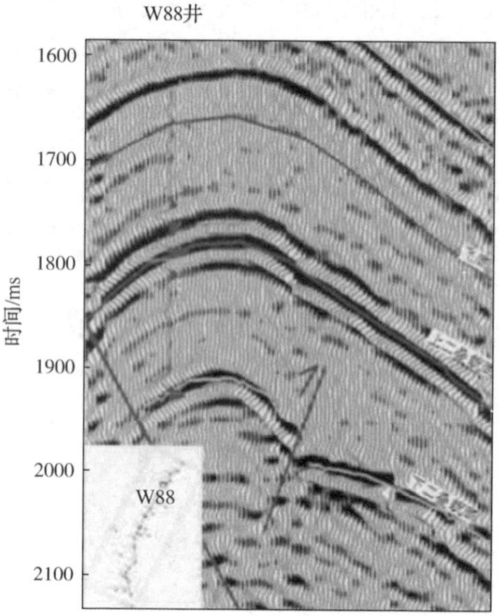

图 2-7(a)　某勘探区过 W88 井地震资料解释剖面(据徐姣等，2016 年，略有改动)

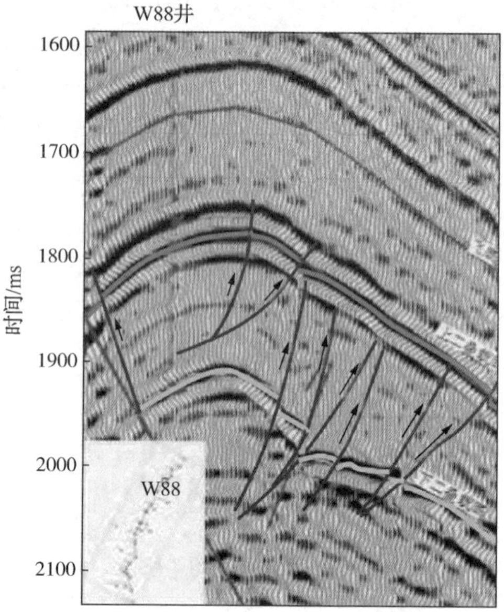

图 2-7(b)　某勘探区过 W88 井地震资料精细解释剖面(据徐姣等，2016 年，略有改动)

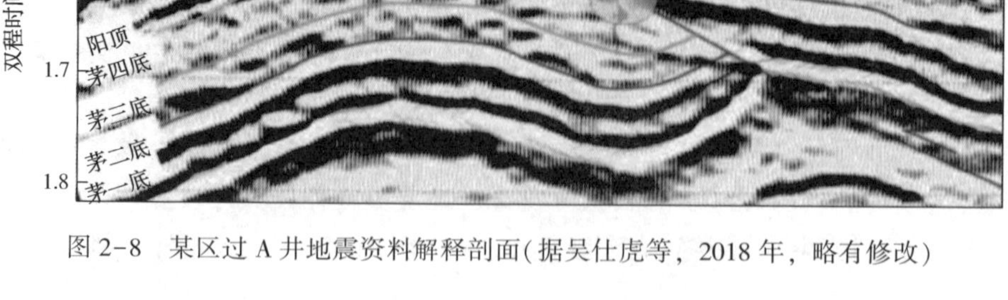

图 2-8　某区过 A 井地震资料解释剖面(据吴仕虎等，2018 年，略有修改)

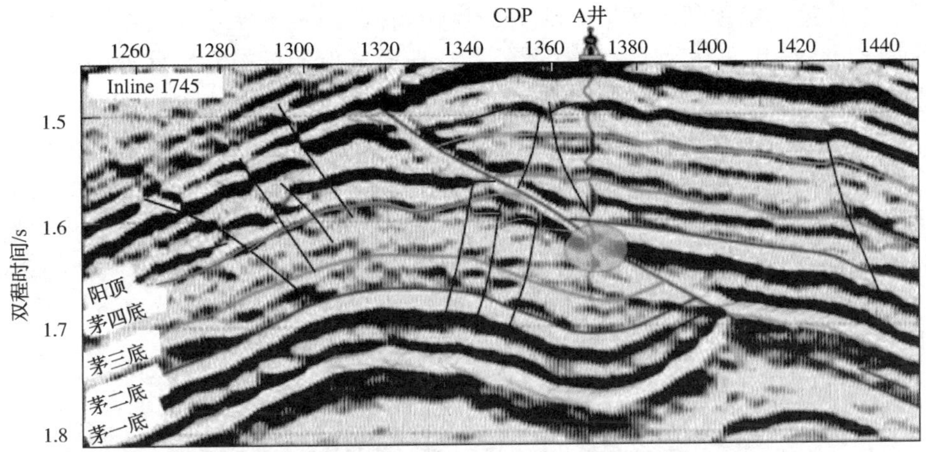

图 2-9　某区过 A 井地震资料精细解释剖面(据吴仕虎等，2018 年，略有修改)

A 井钻遇的断层区域(图中的灰白色圆圈内)，微裂缝发育，为钻井资料所证实

在对密集的断层解释过程中，要分别对不同的断层进行命名，这样才能对其进行准确的闭合。另外，在平面上也便于对其进行组合及相关的断层多边形的绘制。在实际地震资料解释工作中，曾见过某勘探区的断层解释工作，由于对所有断层进行以左或右的名字进行命名，造成后续的断层闭合及平面上的组合困难。如笔者对某区的地震资料进行断层解释工作，对相关断层的命名及不同的颜色分配达到 60 多条，这样就能相对容易地对不同的断层进行闭合、识别或平面组合，并且也不容易出现解释性的错误。

2.3.2　火山口及断溶体精细解释

四川盆地的茅口组发现了火成岩，证实了该时期出现了火山喷发或岩浆溢流的现象。以川西的永探 1 井为例，在茅口组的火山岩层中钻获高产的工业气流，测试产能计 $22.5\times10^4 m^3/d$。在川中磨溪某区块的地震资料解释结果中，发现存在一些地震解释上的认识问题。这有可能是对该区的地质认识不够所致，另外，对火山岩体的反射特征及模式认识程度不足，导致解释结果出现偏差。

从原解释的地震剖面来看(图 2-10)，茅口组的滩体形成与该区域附近的断层有关，造成该区的裂缝相对发育，从而形成良好的储层。但从图 2-10 的解释成果来看，原解释结果中断层开得不太合理，感觉与该区的地质认识不太符合。解释区内茅口组顶部的地层层面起伏估计与断层关系不大，应该是某些岩体顶起所致。本专著提供了另一种解释方法，从图 2-11 的解释来看，纠正了原断层的错误解释方法，使其断穿的地层更为合理。另外，图 2-11 剖面中的灰色虚线框内应该是岩浆岩体有关的喷发及沉积，这些地震反射特征造成反射出现异常——呈扭曲及连续性变差。推测为该岩浆体也向上喷发，可能沿一些断层通道上涌而溢流，造成茅口组顶部层面呈凹凸不平状(这种凹凸不平状不是岩溶所引起，为流纹岩)，并在其上发育滩相体。此外，从地震反射特征来看，该处的火山岩有多期次溢流的特征(具有溢流、沉积、溢流及沉积的多旋回特点)。在勘探区中，火山岩也造成该区地貌的改变，造成该区出现局部高地貌状态，为相关滩体的形成及白云岩化(提供一定的热液通道)创造了条件。总体来看，精细解释后的图2-11显得更为合理，更符合该区的地质情况。另外，从图2-12(a)的相关地震资料解释来看，也认为该时期的火山岩株造成该部位反射波形的变化——岩浆岩沿直立状断层向上侵入，并在断层附近(茅口组)实施横向侵入[图2-12(b)]。从图2-11、图2-12(b)来看，有多期次的溢流及停喷后沉积再喷发的循环的过程，到茅口组沉积末期彻底地变为一个死火山。

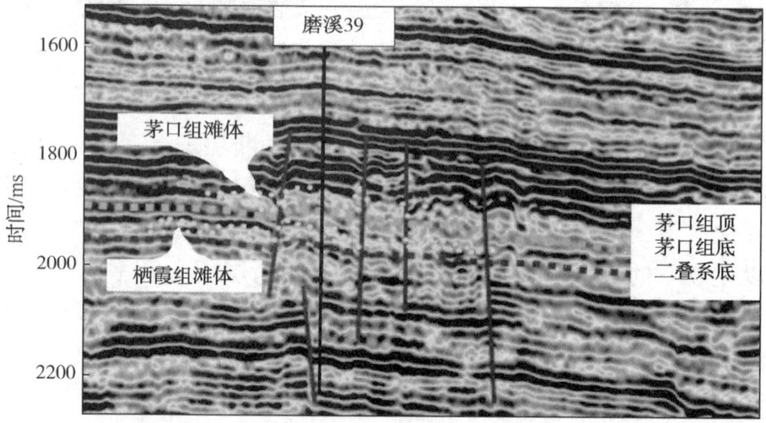

图2-10　某区过磨溪39井地震资料解释剖面(据黎荣等，2019年，略有修改)

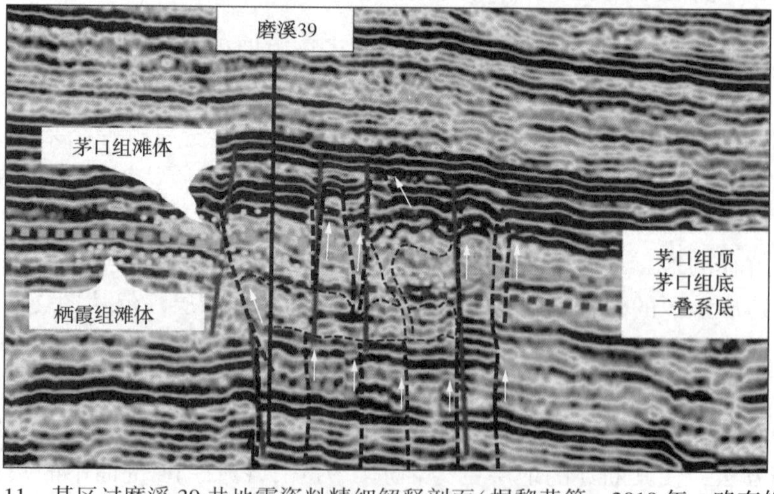

图2-11　某区过磨溪39井地震资料精细解释剖面(据黎荣等，2019年，略有修改)

灰色实线为本专著解释的断层，单箭头方向为断层上盘的运移方向，灰色虚线为解释的岩浆岩体侵入位置，与井上及其附近的滩相储层发育相关

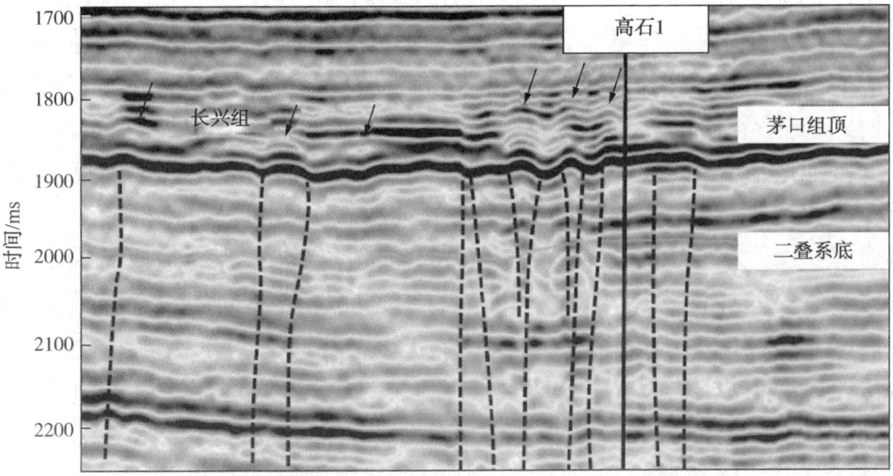

图 2-12(a)　某区过高石 1 井地震资料断层精细解释剖面(据黎荣等，2019 年，略有修改)

灰色虚线为解释的断层位置，箭头处推测为长兴组生物礁体位置，其层状性明显及呈波纹状，外形整体上呈隆起状——下部虚线为断层(与岩浆岩热液通道相关)，与两侧的正常沉积地层的地震反射形成差异性

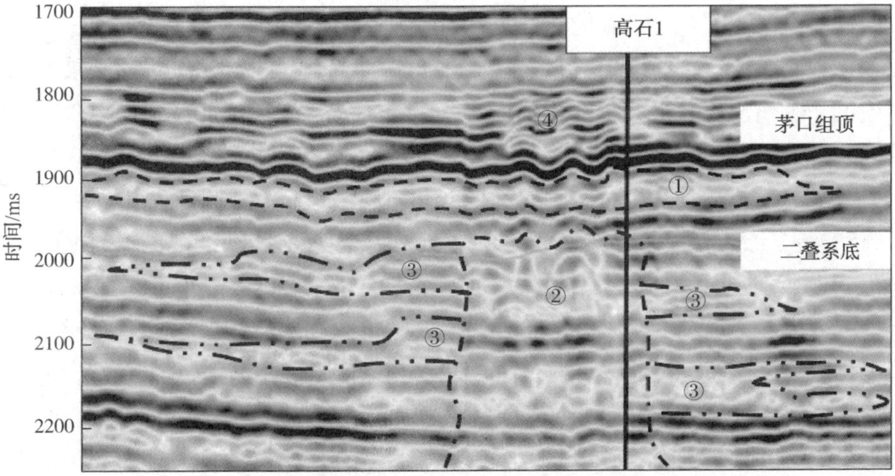

图 2-12(b)　某区过高石 1 井地震资料关于岩相的精细解释剖面(据黎荣等，2019 年，略有修改)

①号区域为解释的茅口组滩相位置，②号区域解释为岩浆岩沿断层上升区域，③号区域解释为岩浆岩沿横向上侵入的区域，④号区域处解释为长兴组生物礁体位置，其层状性明显及呈波纹状，外形整体上呈隆起状

此外，从对该勘探区的图 2-13 及图 2-14(a)、图 2-14(b)的解释成果来看，显然图 2-14 的解释更为合理。图 2-13 的断层有些开得不太合理，从两侧的地震反射波对比来看，有些都开出了正断层模式——与该区的地质认识(逆断层模式)是不符合的。从图 2-14 来看，一些断层的发育与火山通道相关，并造成上覆地层沿火山通道位置下陷——形成陷落柱，同时造成地震反射同相轴错断，但能够进行陷落通道内及外的反射对比。如图 2-14(a)剖面左边的一个火山通道(①、②号区域)，可见其管状的内部反射波杂乱，造成其局部反射与两侧地层反射差异性明显并且难以对比，应该是两种不同的岩性所致；③区域内的地层与两侧能对比追踪，应该是火山口内的岩层在上覆地层压力状态下沿其管状通道向下塌陷所致，造成其可以追踪的反射同相轴下凹(火山口内的岩浆冷凝后收缩其岩浆岩体下塌所致)。另外，从①、②号区域来看，火山通道附近有岩浆溢流的情况，溢流的厚度有由近向远渐减的趋势——近火山口厚度相对较厚，而远离火山口则厚度逐渐减薄到 0 米。而图 2-14(a)右边较大的火山通道(灰色虚线之间区域)，其火山口上方也有凹陷现象，造成其上覆及附近沉积的地层下陷——从火山通道内的反射层特征可以判断出来。另外，火山通道内部的反射杂乱，与其两侧地层的反射不能对比。火山通道两侧也有溢流现象，规模比左边的火山大[见图 2-14(a)两侧的岩性体解释]，反映出不同的喷发期次特点。此外，溢流的火山沉积物也造成附近地貌的改变，使其上覆地层有轻微隆起现象，并为相关的茅口组滩体的沉积及形成提供了必要的条件。从上述的解释结论来看，与原作者们所解释的断溶体是有巨大区别的，川中茅口组优质储层基本上是与火成岩的位置有关系，这点也被大量的钻井资料所证实。另外，从图 2-14(a)及图 2-14(b)地震资料反映的火山通道解释与图 2-15的地震资料的断溶体解释来看，这两者是有区别的。综合相关研究成果分析，断溶体外形一般呈散花状，断溶体内部有断层发育，断层附近的“亮点”现象突出，应该为较大级别的溶洞。另外，断溶体的“亮点”特征有眼球状、串珠状等，断溶体对两侧地层的影响范围有限，并不向两侧地层扩散。而火山通道由于火山的溢流作用，对两侧的地层影响较大——可以从相变及厚度上对其进行识别。因此，从地震剖面上看，两者有相同之处，也有细微较明显的区别，解释者要细心观察及对比，才能准确识别两者的差异。另外，从图 2-14(c)来看，塔中一些区域也具有这个火山岩造成其上部地层陷落的问题。从该图来看，陷落柱内部以正断层为主(拉张性质)，预测裂缝相对发育，为陷落柱式“断缝体”，如果该断缝体构造沟通相关的油气储层，并使油气向陷落柱运移及聚集，那么该陷落柱也是一个油气勘探的有利目标。

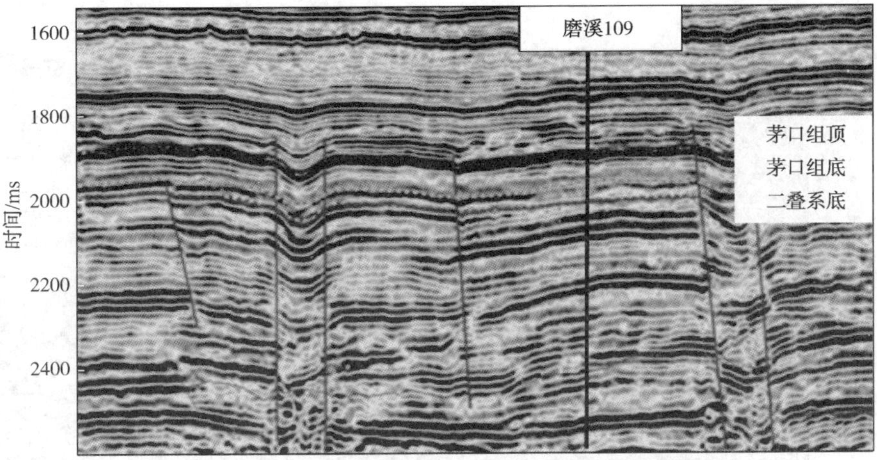

图 2-13　某区过磨溪 109 井地震资料原解释剖面
（据黎荣等，2019 年，略有修改）
灰色断层呈直立状，原解释的断层性质呈正断层，与该区域的地质认识存在差异性——该区域海相地层中通常发育逆断层系统

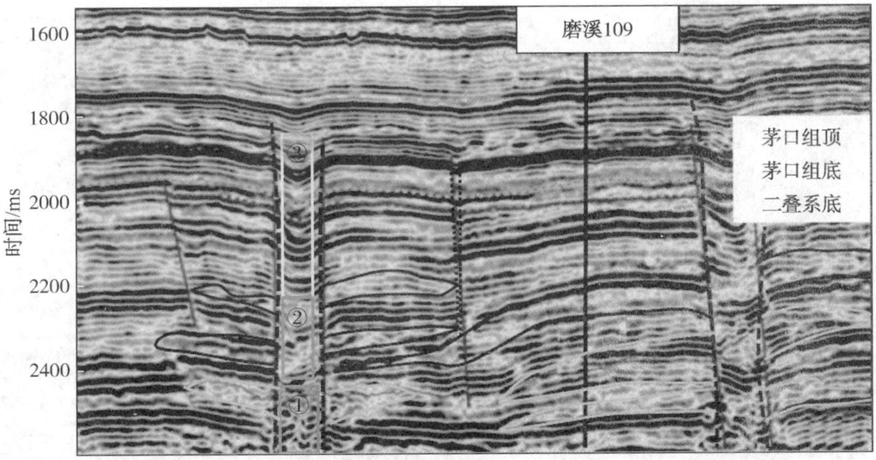

图 2-14(a)　某区过磨溪 109 井地震资料精细解释剖面
（据黎荣等，2019 年，略有修改）
图中发育两条陷落柱，两者之间有小陷落柱(黑色点线位置)呈局部形成，陷落柱两侧实线推测为局部侵入岩浆岩体，左侧陷落柱的②、③号区域内地层呈柔性下陷，与两侧地层反射能对比追踪，灰黑色虚线为解释的断层位置

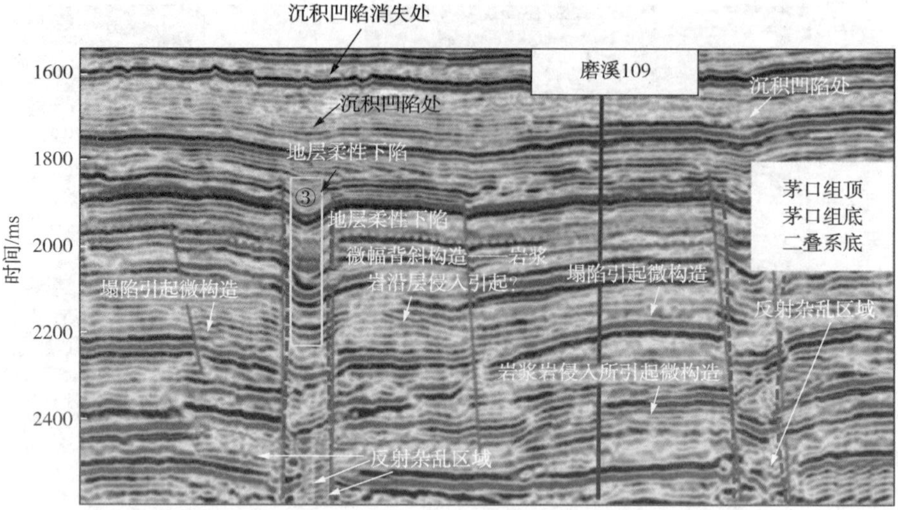

图 2-14(b)　某区过磨溪 109 井地震资料的局部构造解释剖面

(据黎荣等，2019 年，略有修改)

可见岩浆岩所引起的陷落柱及其不同期次岩浆岩横向侵入地层所引起的微幅背斜构造，地层反射呈尖灭状态等地质现象相对丰富，并且可能影响到上部长兴组滩相发育的问题

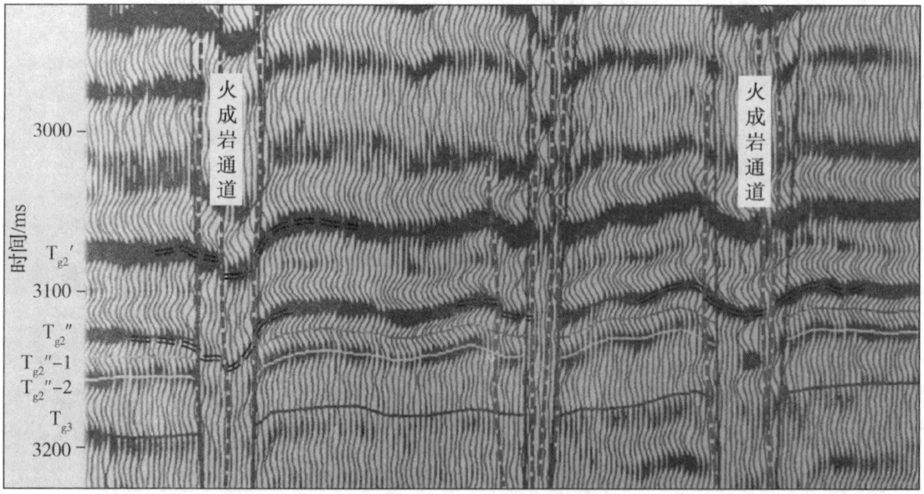

图 2-14(c)　塔中 40 三维区由于火成岩体造成其上部地层下陷所引起的断层解释剖面(据杨克绳等，2006 年，略有改动)

可见图中所示的火成岩通道——应该为地层塌陷所形成的陷落柱，注意其断层(灰色虚线位置，为正断层性质)及断层所引起两侧地层的错动(双虚线位置)，陷落柱内部与外部的相关波组可以对比，应该是在正常沉积地层后，再发生塌陷

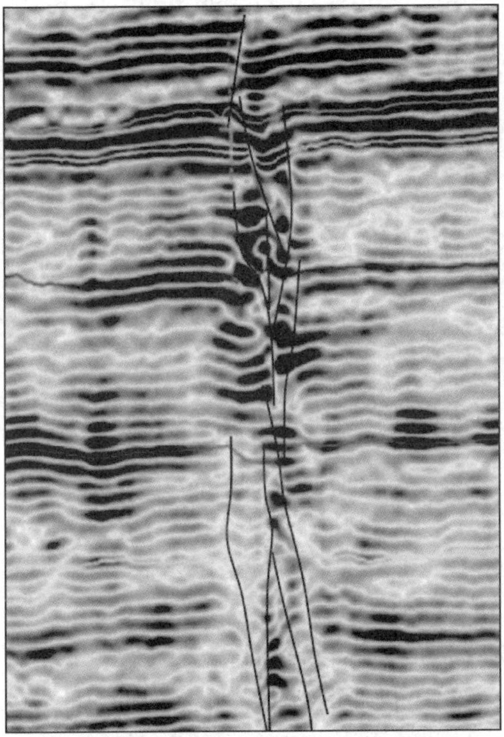

图 2-15　塔河油田某断溶体地震资料解释剖面(据王震等，2019 年，略有修改)
灰色线条为解释的断层位置，断层形态不确定，呈扭曲状、直立状，
断层内部及其边缘附近的地震局部反射亮点相对明显

通过对本次火山通道的解释，说明一个道理——地震资料解释不能生搬硬套。解释者要灵活地运用自身的解释经验及认识，充分利用各种手段进行相关的判断、研究，从而建立起相对准确的解释模式。如果解释者水平有限，可以向相关高水平专家通过相关的通信工具寻求帮助并建立准确的解释模式，这样也可以顺利实施勘探区的地震资料解释工作。

2.3.3　生物礁精细解释

相关勘探成果表明，长兴组生物礁一直是四川盆地油气勘探的重点目标之一，钻遇生物礁的钻井经测试大都获得工业气流。所以，在四川盆地的油气勘探中，生物礁的识别是具有重要意义的。生物礁是一种与造礁生物建造有关的岩性体，它往往生长在斜坡边缘，与台地边缘有一定距离。生物礁从地震反射来看，其内部也呈杂乱状，可以发育不同层状界面(不同时期的生物礁所形成的)，一般有丘状外形，有一定的礁体厚度(平均约 120ms 的双程反射时间厚度)。此外，川中下组合的滩相储层(图 2-16)，也是重要的油气储层，并实行了商业性开发。

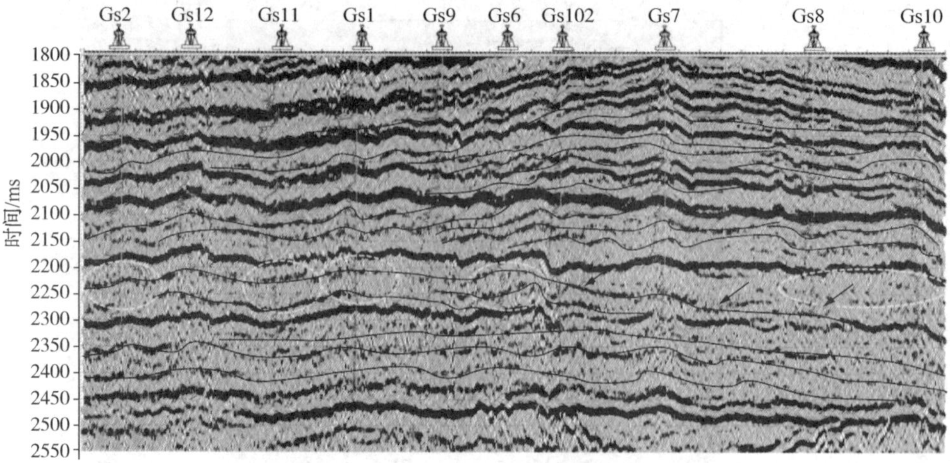

图 2-16　川中某勘探区内的下组合滩相的地震资料解释成果剖面示意图
（据陈康等，2021 年，略有修改）

可见其寒武系地层内的三角形沉积体，黑色箭头位置可见地层上超现象，地层下超现象也相对明显，这些特征基本上是滩相沉积，这些钻井基本上获得高产工业气流

从图 2-17、图 2-18 来看，对长兴组底以上的生物礁相关层位进行解释，可以发现生物礁具有一定的丘状外形特征。并且内部可以划分出不同时期的生物礁(不同生物礁顶可能呈凹凸不平状或倾斜状的波峰反射)，这也为钻井资料所证实。礁前的斜坡有前积现象，也就是飞仙关组一段的泥岩搭接在礁前；礁顶有披覆现象，局部“亮点”现象相对突出(为含气储层位置)；礁体与礁体之间由潮道(或称为水道)相连接，礁后的台地相的地震反射波的产状相对较平。总的来说，最靠近海槽部位的生物礁生长的时间往往最长，相关礁体的厚度越大、内部生物礁的期次越多。另外，长兴组生物礁体的形成，应该与茅口组的滩相具有相关性，而茅口组滩相的形成与直立状走滑断层及沿其面上侵入的岩浆岩体具有一定关系(图 2-19)。

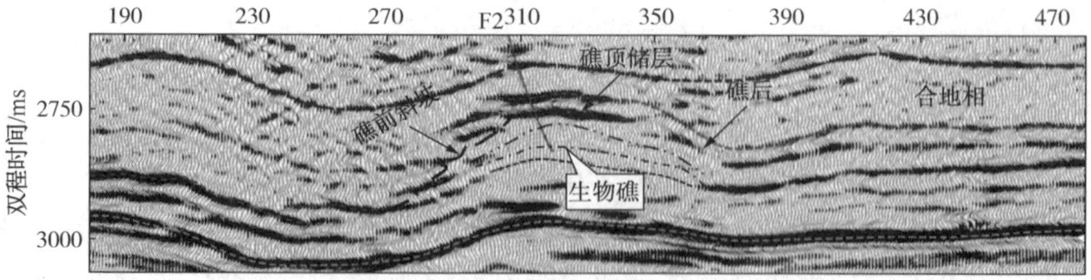

图 2-17　川东北某勘探区长兴组生物礁的精细地震资料解释示意图
（据晋达等，2020 年，略有改动）

不同的层状虚线为不同时期的礁体界面位置，黑色粗虚线为解释的礁体前的斜坡部位，可见礁体前的斜坡坡度大于礁后斜坡的坡度

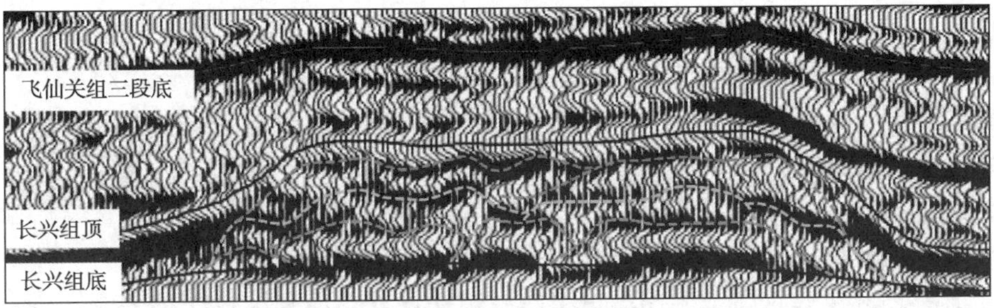

图 2-18 川北长兴组生物礁的精细地震资料解释示意图(据王浩等，2019 年，略有改动)

不同的层状虚线为不同时期的礁体界面位置，剖面中整个生物礁外形呈盾状，

右侧为礁前斜坡，可见其迎浪面的角度大于礁后的斜坡(左侧)

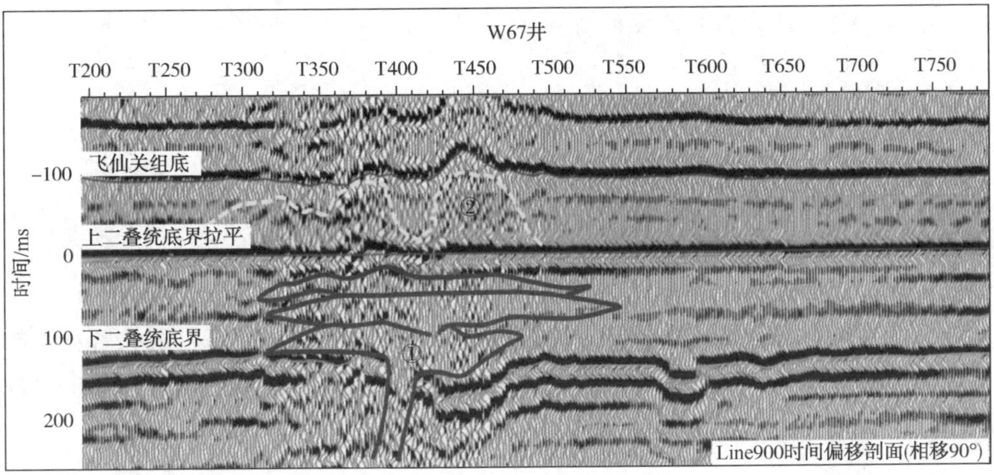

图 2-19 某勘探区过 W67 井地震资料中岩相精细解释剖面

(据徐姣等，2016 年，略有改动)

图中白色虚线的②号区域内预测为生物礁体位置，灰色实线的

①号区域内为岩浆岩与滩相互层位置

总的来说，地震资料精细解释工作是一个艰苦的过程，需要解释者大量的经验及准确的判断，从而做好地震资料解释工作。在实际地震资料精细解释过程中，特别应该注意以下几点：

① 精细解释工作要做细，尽量解释出小断层及对其分别命名，层位追踪合理，这样就能对勘探区的构造特征作出准确的分析。

② 解释中要注意不同异常体的反射特征及建立其反射特征，并积累大量的相关知识及经验，从而准确地对其实施解释工作。

③ 对不同的勘探区的解释经验不能生搬硬套，要密切结合勘探区实际的地质情况，建立正确的解释模型，从而作出正确的地震解释。

④ 尽量不要在逆断层发育的勘探区解释出正断层，同理，在正断层发育的勘探区尽量不要解释出逆断层。当然，也可能有特殊情况发生，在实际工作中要密切注意，多方论证。

⑤ 要结合其他相关属性及进行沿层提取得到属性平面图，利用其对所解释的断层及相关多边形进行验证，并指导后续解释工作的进行。

地震资料解释是地震勘探成果集中体现的环节，地震资料解释方法的难易程度取决于地震数据的品质、区块勘探程度及解释员的经验等，解释的精确度也往往取决于地质认识的程度、不同时期钻井的成果约束及控制。随着地质目标体越来越复杂，地震资料解释正向地震采集、处理及钻井工程等环节延伸、渗透、推进，呈现学科一体化方向发展的势头。

2.4 地震构造解释讨论

总而言之，地震资料解释是一个综合过程，它可以存在多解性的问题，必须有相关的钻井资料证实及验证解释方案的正确性。否则，地震解释只是一个观念性的认识，它可能有相关概率的胜算，也可能有错误的解释而导致勘探失败。此外，地震资料解释往往也依赖于地震资料质量、地质构造复杂程度及解释者的认识、经验等因素，随着钻井资料的增多，地震资料解释精度相对升高及多解性降低。

2.4.1 解释者经验及认识

在地震资料解释中，往往依赖于解释者的经验及认识。如在某个勘探区的地震资料解释中，就有不同的解释者的不同的地震资料解释模式(图 2-20)。在图 2-20(a)中，有些原断层解释仍然存在一些不合理的现象，而在图 2-20(b)中，可能的断层解释成果就相对合理一些。另外，在某勘探区的地震资料解释中，原解释成果对断层的把握没有到位，断层没有开到断点[图 2-21(a)]，正常解释的话，断层应该是开到明显断点[图 2-21(b)]。另外，从图 2-21 来看，T_2^3 层位应该是一套侵入岩(流纹岩)，估计以某一断层破碎空间进行侵入，并以此为上下断层的分界线——上部下部断层均不穿透。如果断层解释成果显示相关断层穿过该套侵入岩，这个与地质认识是不符合的。

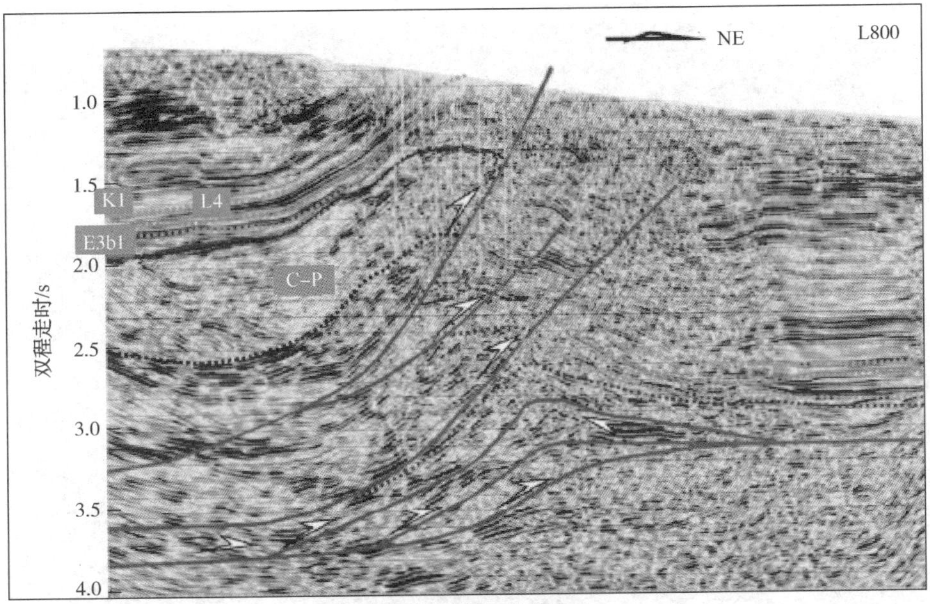

(a)原文章中的断层解释成果

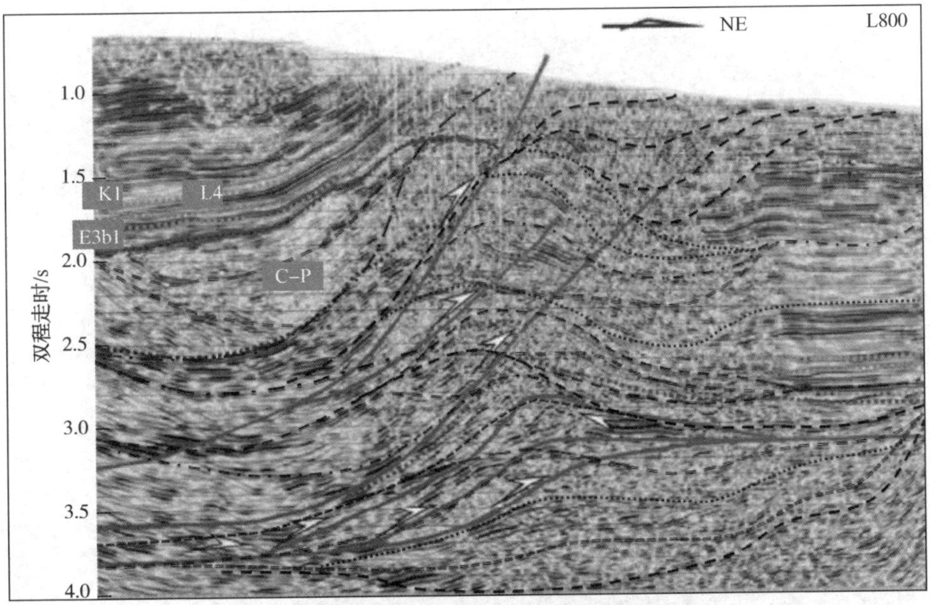

(b)本次断层解释成果(黑色虚线为本次解释断层位置，黑色点画线为解释的相关层位)

图 2-20　某勘探区内不同地震资料解释成果示意图

（据肖毓祥等，2016 年，略有改动）

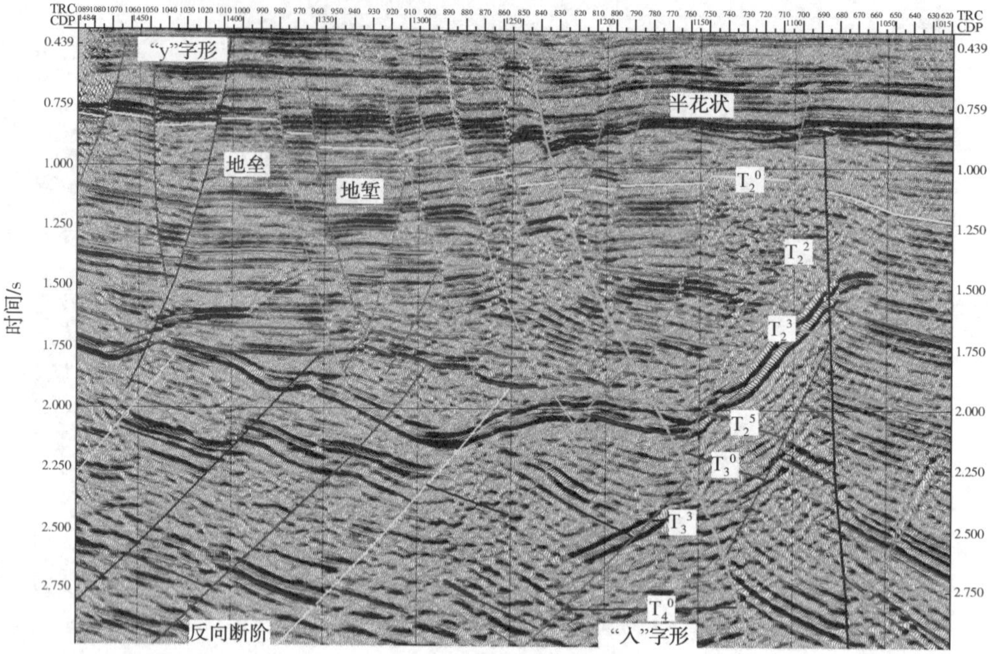

(a)原文章中的断层解释成果

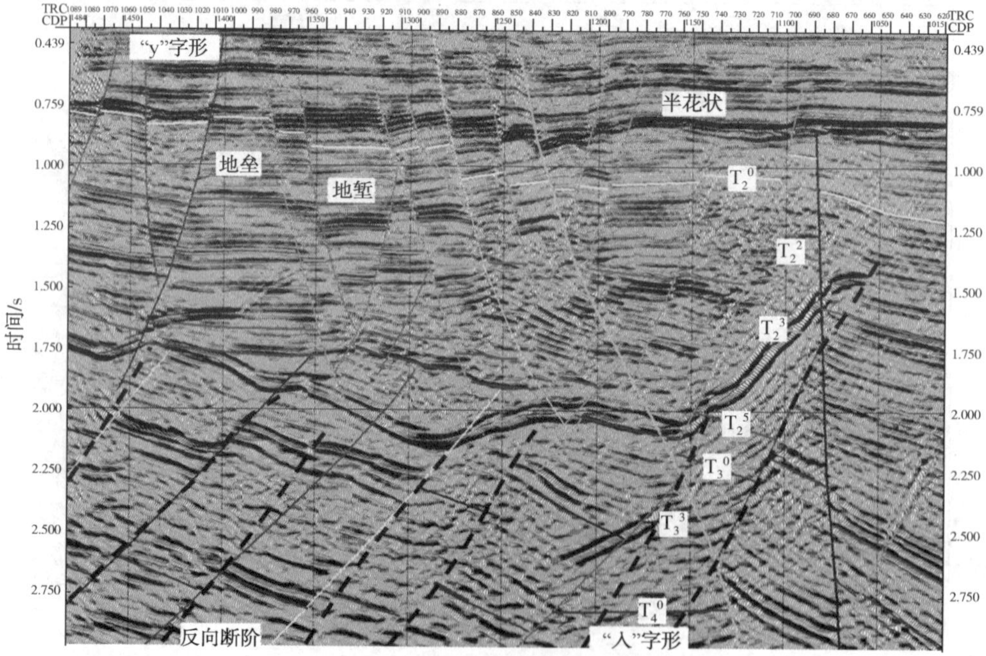

(b)本次断层解释成果(黑色虚线位置)

图 2-21　某勘探区内不同地震资料关于断层解释成果示意图

（据李东亮，2017 年，略有改动）

例如，在我国涠洲岛南部的油气勘探中，对某条二维地震剖面的解释可以有不同的解释方法及模式(图 2-22)。由于地震资料的品质、地震资料解释人员的经验及认识等，得到不同的地震资料解释模式。又如，从过沙参 2 井的二维地震剖面来看(图 2-23)，所布设的钻井打到石炭纪地层下凹处(大型箭头所指示位置)，钻探资料显示，位于新疆库车县东南荒漠上的沙参 2 井在钻至井深 5391. 18 米奥陶系的白云岩时，在奥陶纪灰岩中获得高产油气流。地震剖面显示，该井在石炭纪地层与奥陶纪灰岩接触处，出现石炭纪地层呈“v”字形下陷现象，推测是其下部所接触的奥陶系灰岩中的溶洞在上部地层压力作用下所引起的坍塌现象，估计该处溶洞规模较大(图 2-23 中的黑色箭头所指示的可能的“羊肉串”强反射)，油气充注较足，所以钻获高产油气流。后来在塔里木盆地所采集的三维地震资料中，可以发现溶洞型储层的“羊肉串”反射亮点现象，打在“羊肉串”上的钻井大部分获得高产油气流，从而掀起塔里木盆地出现油气勘探的高潮。经过后续的油气勘探，也认识到走滑断层对于溶洞储层的油气充注的重要性，所以寻找走滑断层带+“羊肉串”反射亮点实施布设勘探井，在顺北地区获得巨大突破，并进一步拓宽了勘探视野。另外，在四川盆地的川中—川南地震大连线上的断层解释(图 2-24)，可见到不同的断层解释模式。

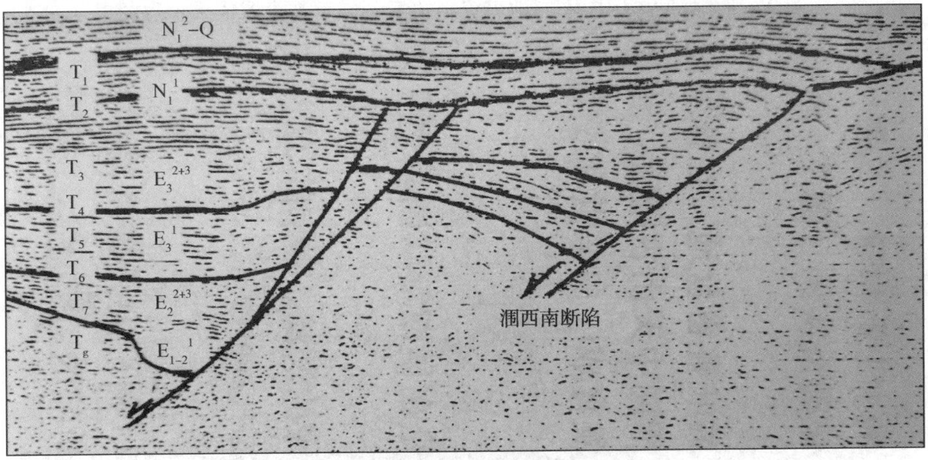

(a)原专著中的解释模式成果

图 2-22　某勘探区内不同地震资料关于不同解释模式成果示意图

(据杨克绳等，2006 年，略有改动)

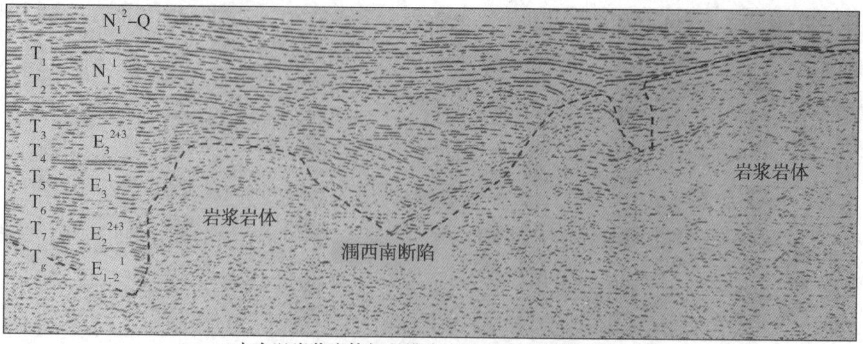

(b)本次以岩浆岩体解释模式成果(黑色虚线位置)

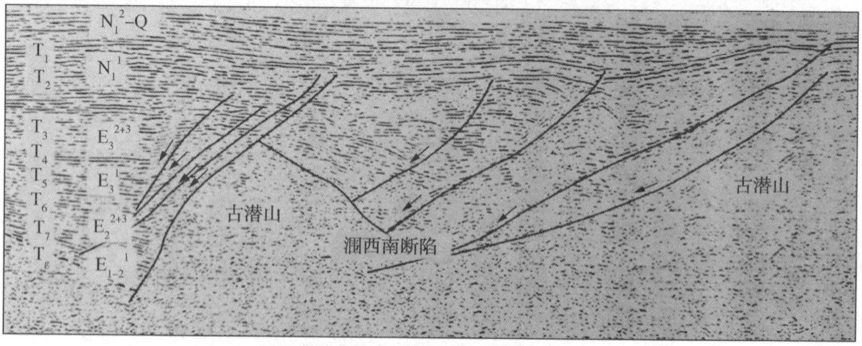

(c)以古潜山结合正断层解释模式成果

图 2-22　某勘探区内不同地震资料关于不同解释模式成果示意图

（据杨克绳等，2006 年，略有改动）(续)

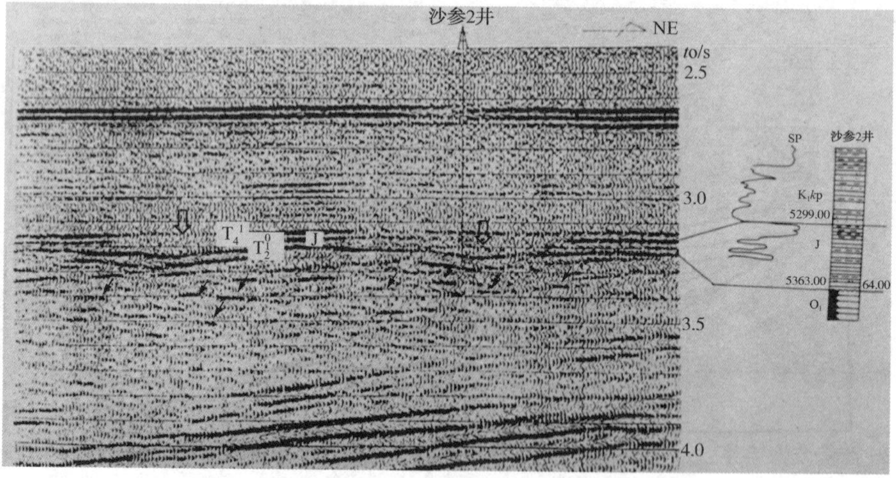

图 2-23　某勘探区内过沙参 2 井的二维地震异常解释模式成果示意图

（据陈开远等，1993 年，略有改动）

图中的左侧为地震剖面，右侧为沙参 2 井的井柱子目的层段的地质及测井资料综合示意图，黑色箭头位置为解释的“羊肉串”反射位置，推测为岩溶体响应，空心箭头位置为奥陶纪岩溶引起的上部地层呈现出局部下陷的现象（岩溶体顶板承受不了上部地层压力而产生岩溶顶板坍塌致使上部地层下陷）

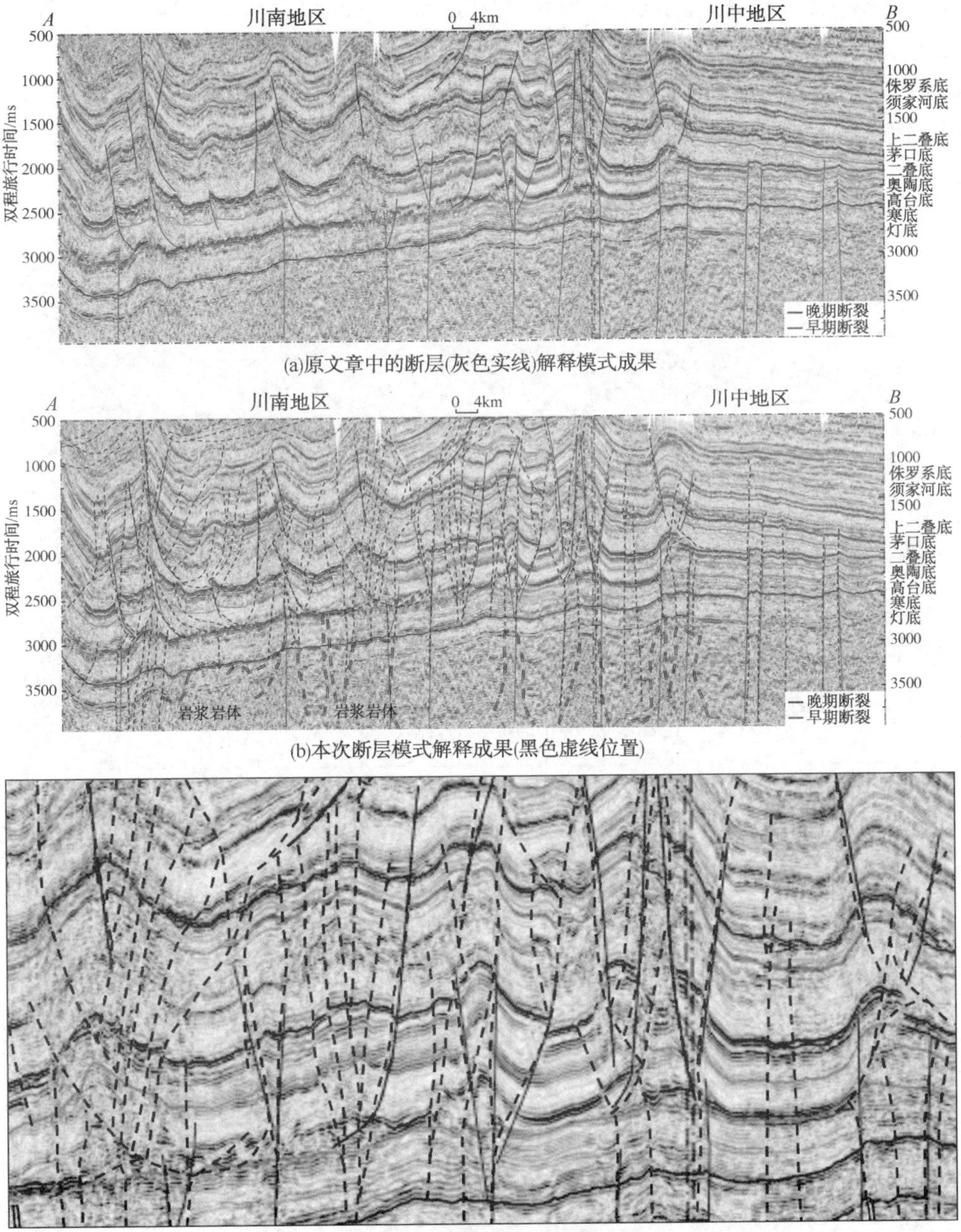

(a)原文章中的断层(灰色实线)解释模式成果

(b)本次断层模式解释成果(黑色虚线位置)

(c)不同的解释模式局部放大

图 2-24　某勘探区内不同地震资料关于断层不同解释模式成果示意图

（据王新岚等，2021 年，略有改动）

又如吐哈盆地北部山前带的地震资料解释(图 2-25)，可见到三种不同的解释模式。在图 2-25(a)(b)中的原断层解释，可以见到解释相对简单，不符合山前带的断层解释模式，而图 2-25(c)的断层解释模式可能相对合理。对于渤海及北黄海盆地内一些勘探区的地震资料解释，可以见到不同的解释模式(图 2-26、图 2-27)。此外，由于不同解释者的解释模式及经验、认识及解释的精细度不一样，也可能导致地震资料的解释具有多种模式(图 2-28～图 2-38)，增加了解释成果的不确定性。

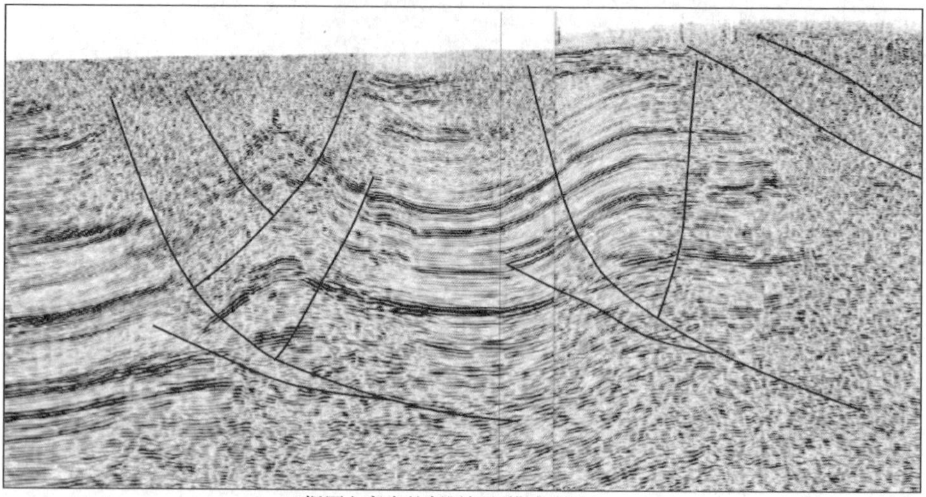

(a)据原文章中的断层解释模式成果1

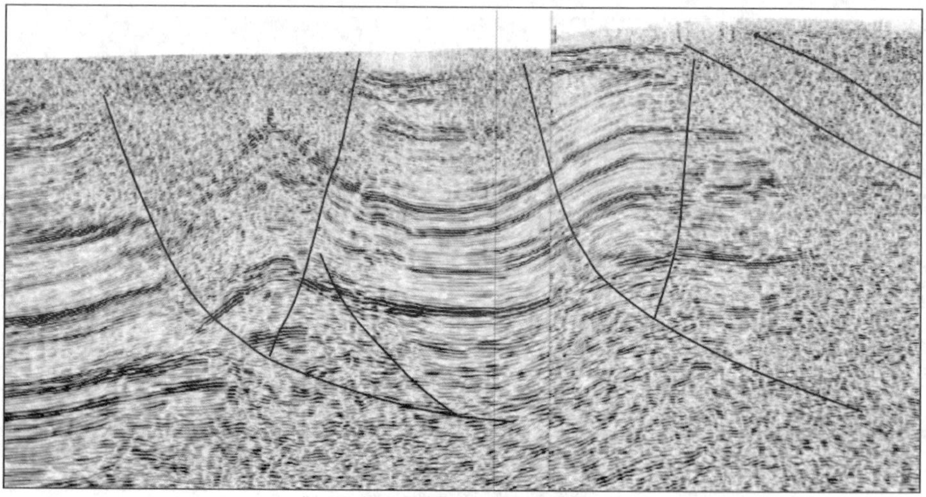

(b)据原文章中的断层解释模式成果2

图 2-25　吐哈盆地北部山前带关于断层不同解释模式成果示意图

(据孙博等，2016 年，略有改动)

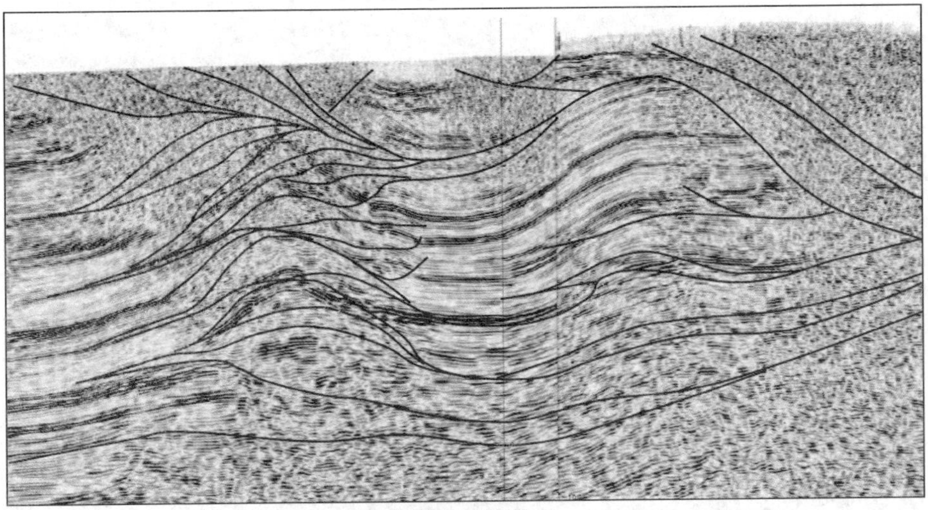

(c)本次断层精细解释模式

图 2-25　吐哈盆地北部山前带关于断层不同解释模式成果示意图
（据孙博等，2016 年，略有改动）(续)

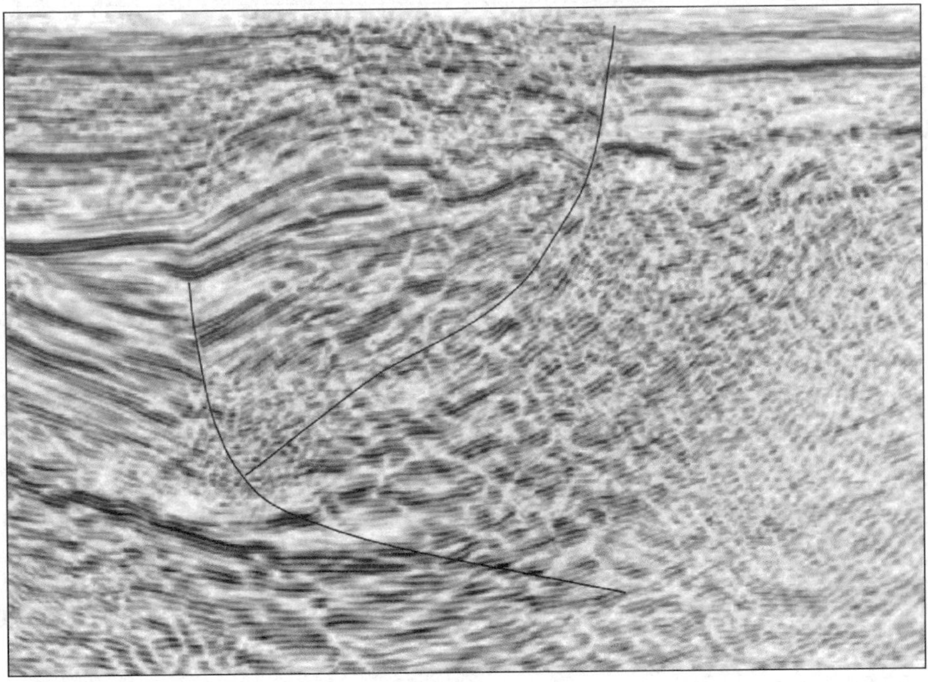

(a)断层解释模式

图 2-26　某勘探区内不同解释模式成果示意图(据印兴耀等，2018 年，略有改动)

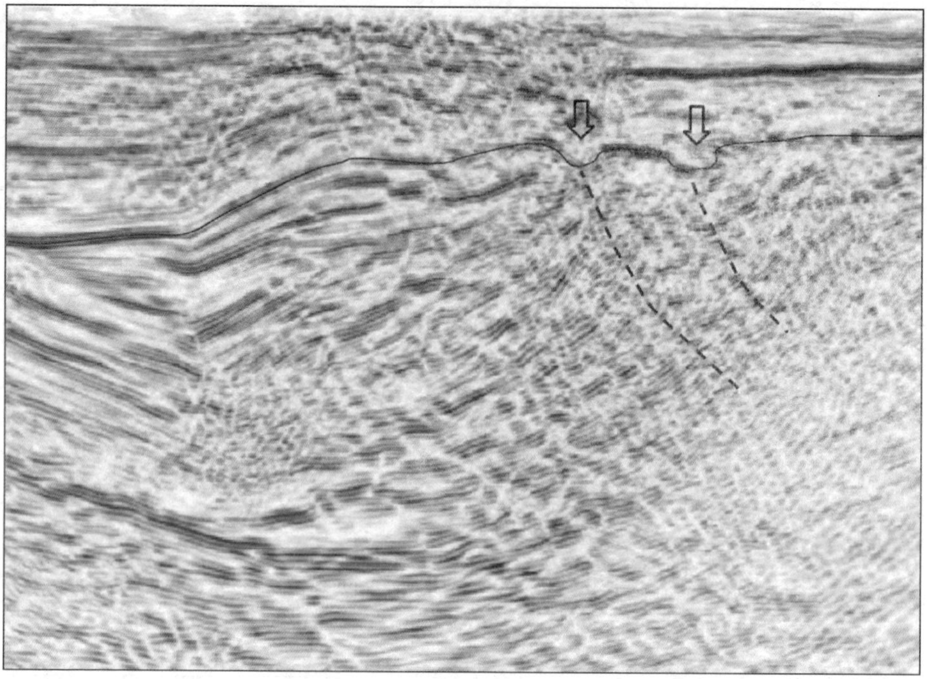

(b)火山岩解释模式

图 2-26　某勘探区内不同解释模式成果示意图(据印兴耀等，2018 年，略有改动)(续)

在断层解释模式中，解释出两条大型断层[图 2-26(a)中的黑色实线位置]，而在火山岩体解释模式中，可以见到解释出火山岩体的顶面[图 2-26(b)中的黑色实线位置]，火山口的位置呈下凹状，古火山具有多期次的喷发特征，图 2-26(b)中的黑色虚线解释为火山通道的位置

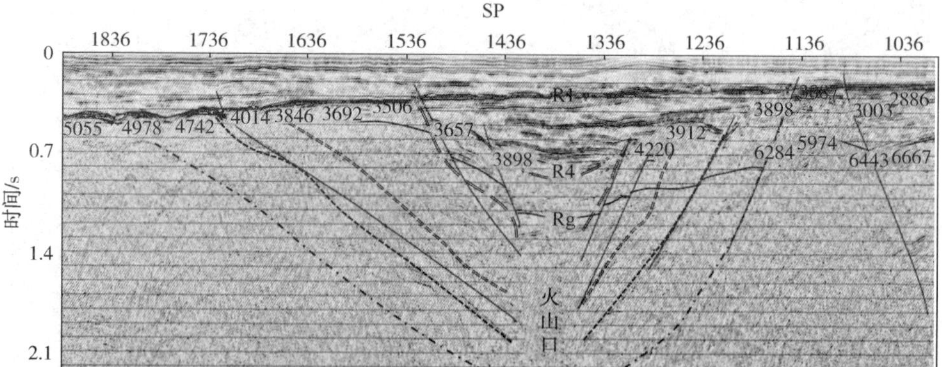

图 2-27　北黄海盆地某勘探区内不同解释模式成果示意图

(据王衍棠等，2013 年，略有改动)

原解释为断陷盆地，灰色实线为解释的断层位置，本次解释为超大型火山口的下陷所造成的盆地，不同的虚线位置解释为不同期次喷发的火山体位置

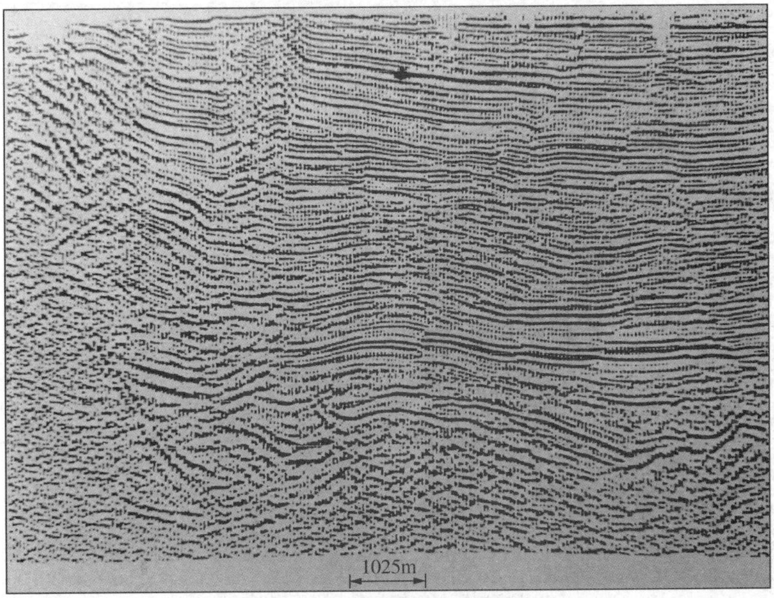

(a)大民屯断陷的456号地震测线剖面

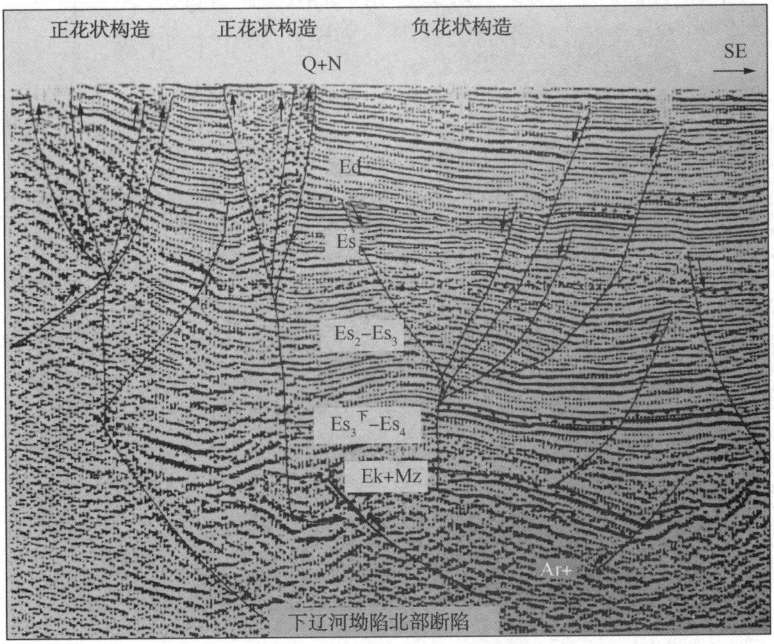

(b)原专著的断层及层位解释成果示意图

图 2-28　下辽河坳陷某勘探区内不同断层解释模式成果示意图

（据高增海，转引自杨克绳等，2006 年，略有改动）

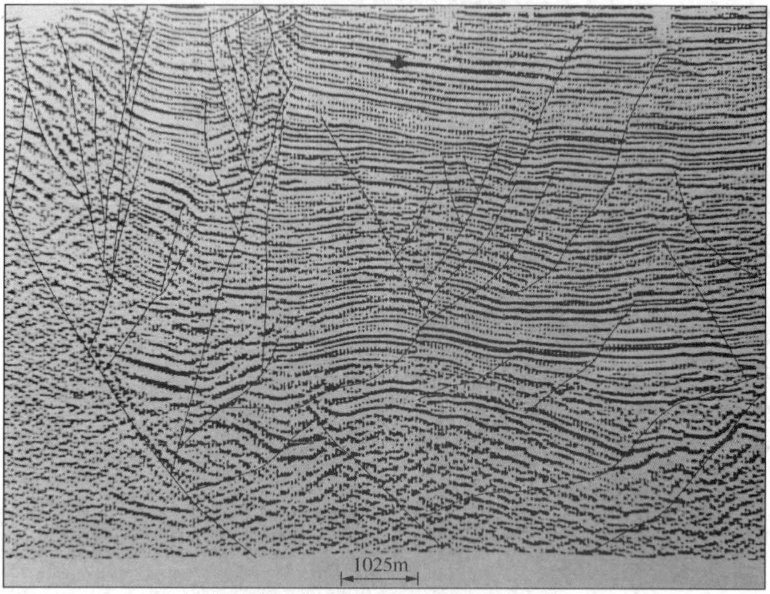

(c)本次地震资料断层精细解释成果示意图

图 2-28　下辽河坳陷某勘探区内不同断层解释模式成果示意图
（据高增海，转引自杨克绳等，2006 年，略有改动）(续)

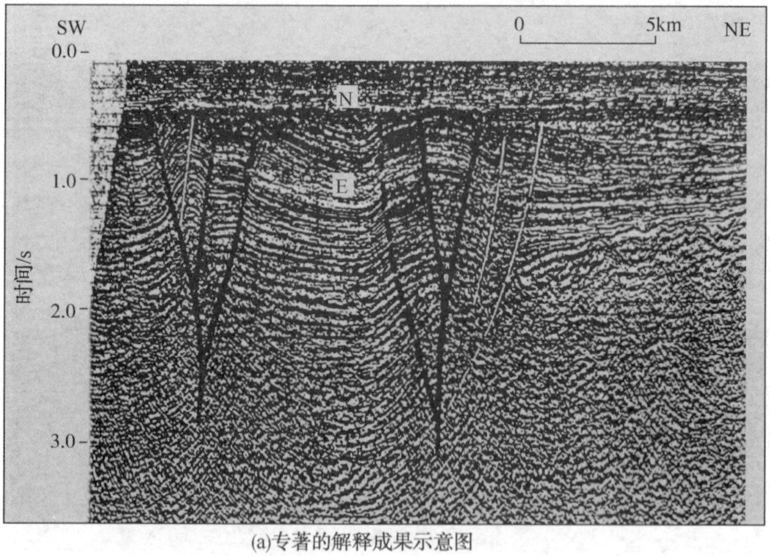

(a)专著的解释成果示意图

图 2-29　越南河内盆地 89-1-26 测线中不同解释模式成果示意图
（据海洋石油勘探院，转引自杨克绳等，2006 年，略有改动）

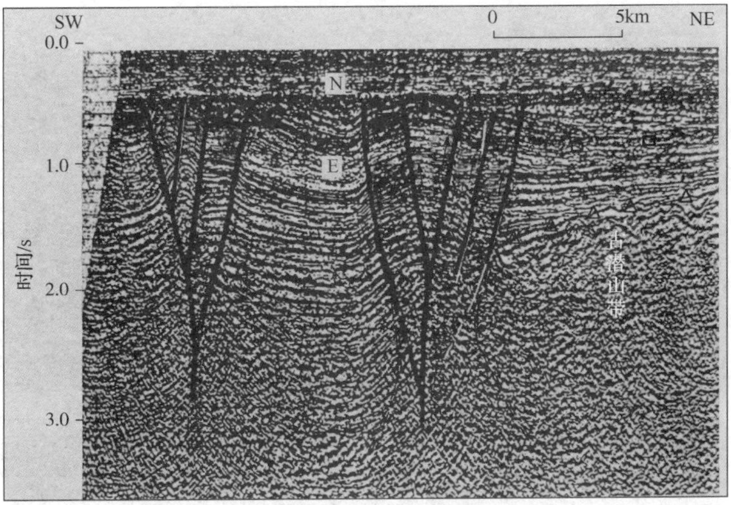

(b)本次地震资料精细解释成果示意图

图 2-29　越南河内盆地 89-1-26 测线中不同解释模式成果示意图

（据海洋石油勘探院，转引自杨克绳等，2006 年，略有改动）（续）

在图（b）中不再解释出花状断层，认为上部的逆断层为下部的岩浆岩体隆起所致，注意三角形层位下部的古潜山带发育，圆圈地层为一个区域剥蚀面，其下部地层的沉积的古地貌为左低右高，造成地层呈现左厚右薄的趋势，出现上超等沉积现象，图中的方框形地层为一个区域上的沉积界面

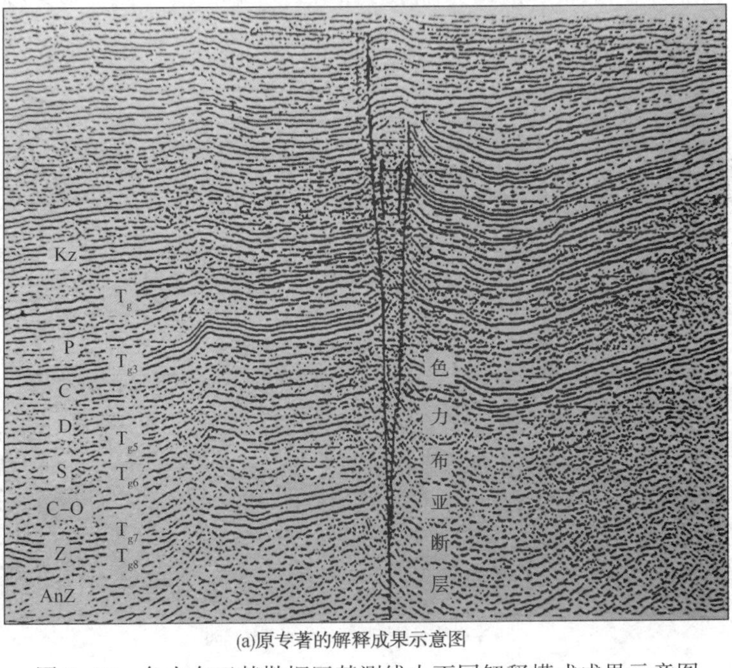

(a)原专著的解释成果示意图

图 2-30　色力布亚某勘探区某测线中不同解释模式成果示意图

（据杨春林，1994 年；转引自杨克绳等，2006 年，略有改动）

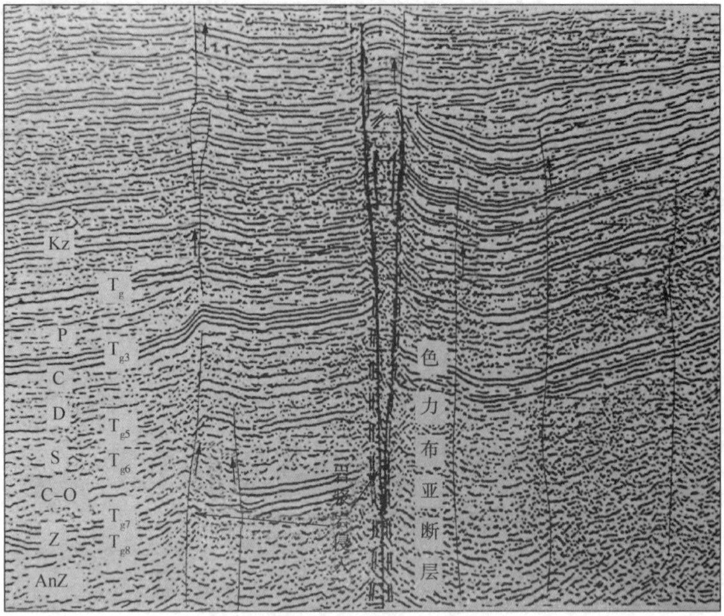

(b)本次地震资料精细解释成果示意图

图 2-30　色力布亚某勘探区某测线中不同解释模式成果示意图

（据杨春林，1994 年；转引自杨克绳等，2006 年，略有改动）(续)

对于色力布亚断层的解释，有两个不同的解释方案，在本次解释中，认为岩浆岩体沿该直立状断层进行侵入，并造成断层内部反射呈杂乱状，不能与断层两侧的地层进行对比及识别

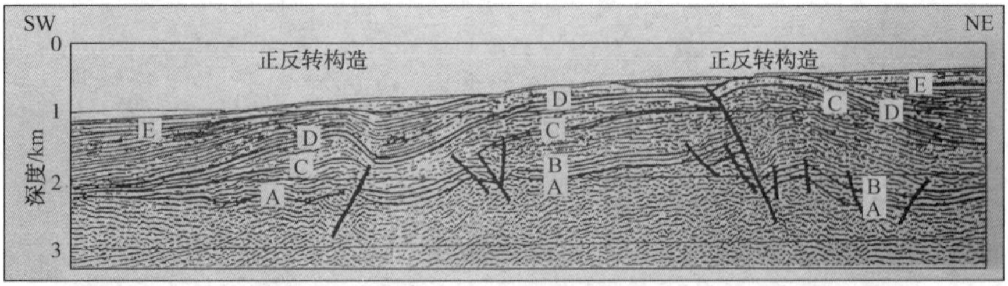

(a)原专著里的解释成果示意图

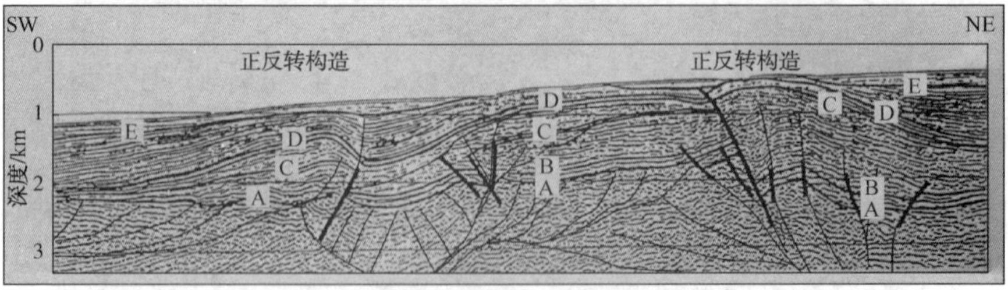

(b)本次地震资料精细解释成果示意图

图 2-31　爪哇陆架盆地某勘探区 A 测线中不同解释模式成果示意图

（据 Lotouzey，1990 年；转引自杨克绳等，2006 年，略有改动）

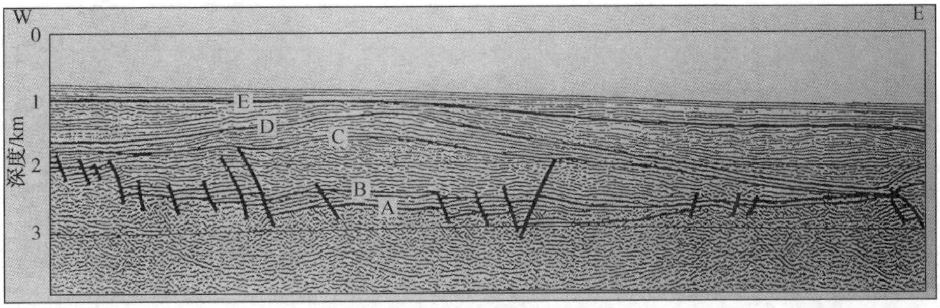

(a)原专著里的解释成果示意图

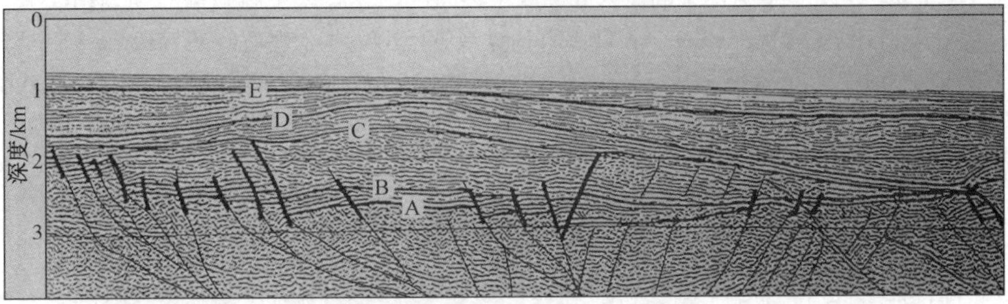

(b)本次地震资料精细解释成果示意图

图 2-32　爪哇陆架盆地某勘探区 B 测线中不同解释模式成果示意图

（据 Lotouzey，1990 年；转引自杨克绳等，2006 年，略有改动）

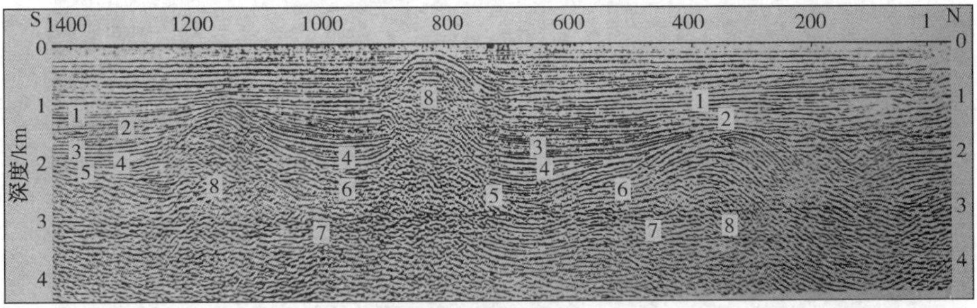

(a)原专著里的地震剖面示意图

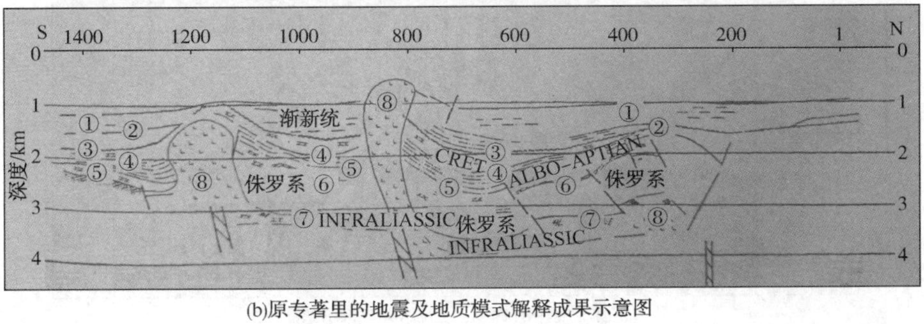

(b)原专著里的地震及地质模式解释成果示意图

图 2-33　Aquitaine 盆地某勘探区 B 测线中不同盐丘形态及断层解释模式成果示意图

（据张家骅，1989 年；转引自杨克绳等，2006 年，略有改动）

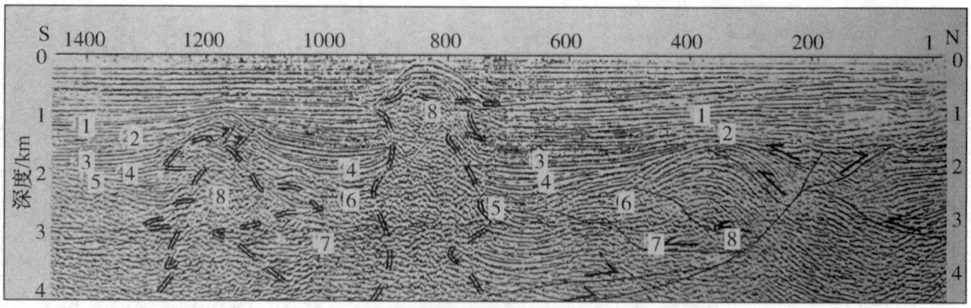

(c)本次精细解释成果示意图

图 2-33　Aquitaine 盆地某勘探区 B 测线中不同盐丘形态及断层解释模式成果示意图
（据张家骅，1989 年；转引自杨克绳等，2006 年，略有改动）（续）

图(b)中的①为渐新统内的地层反射界面，②、③、⑤为区域的不整合面，⑧为盐丘；图(c)中的黑色双虚线区域内为解释的盐丘形态，灰色实线为解释的断层，单箭头为断层上盘运动方向

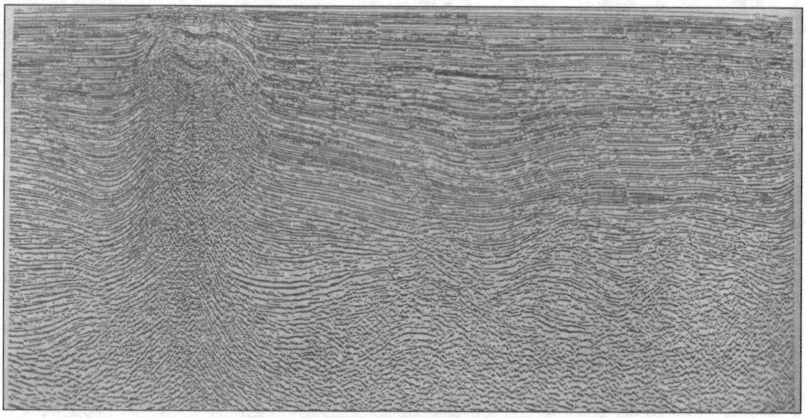

(a)某地震测线剖面示意图

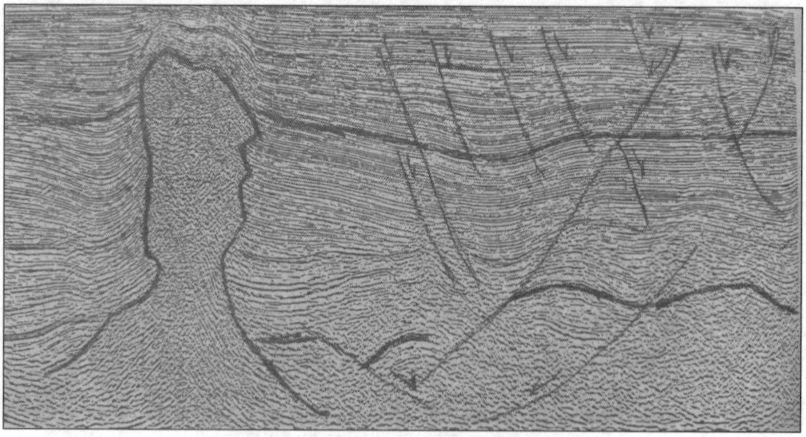

(b)原专著中的断层及层位解释成果示意图

图 2-34　得克萨斯某勘探区某测线中不同解释模式成果示意图
（据 Bally A. W.，1992 年；转引自杨克绳等，2006 年，略有改动）

(c)本次地震资料断层精细解释成果示意图

图 2-34　得克萨斯某勘探区某测线中不同解释模式成果示意图

（据 Bally A. W.，1992 年；转引自杨克绳等，2006 年，略有改动）（续）

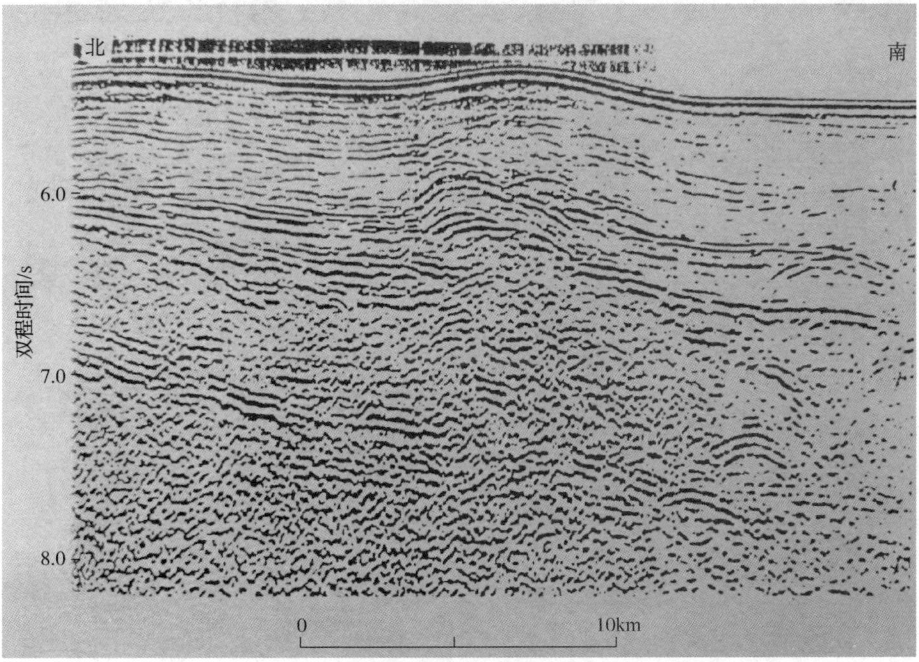

(a)某地震测线剖面示意图

图 2-35　哥伦比亚盆地某勘探区某测线中不同解释模式成果示意图

（据 Hopkins，1973 年；转引自杨克绳等，2006 年，略有改动）

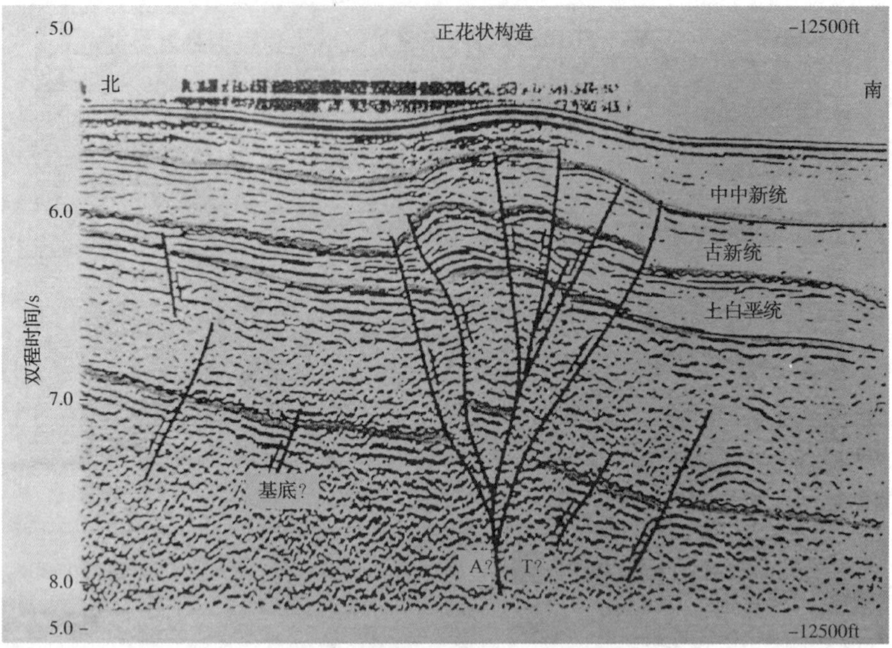

(b)原专著中的断层及层位解释成果示意图

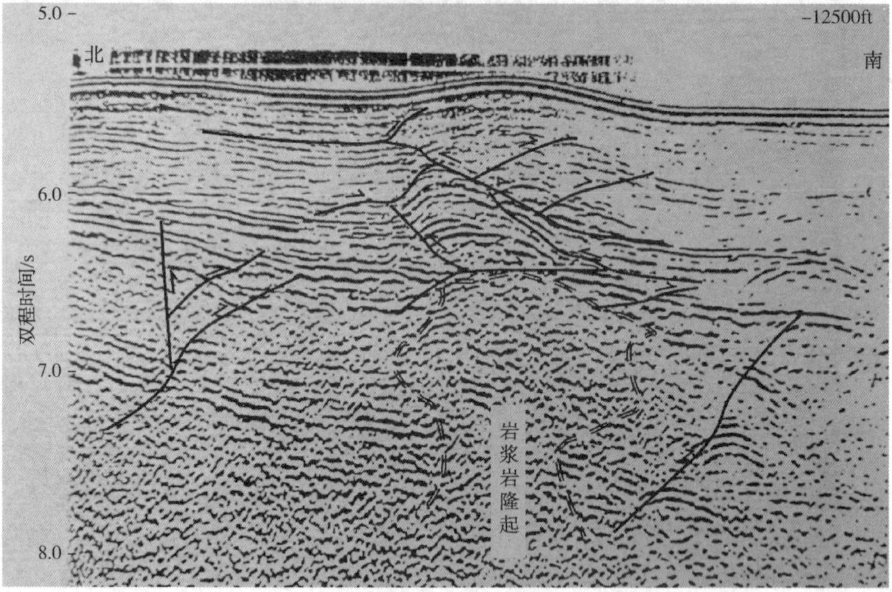

(c)本次地震资料解释成果示意图

图 2-35　哥伦比亚盆地某勘探区某测线中不同解释模式成果示意图
(据 Hopkins，1973 年；转引自杨克绳等，2006 年，略有改动)(续)

原解释成果[图 2-35(b)]揭示正花状构造，本次解释为基底岩浆岩隆起所造成的构造，注意断层的逆断层性质

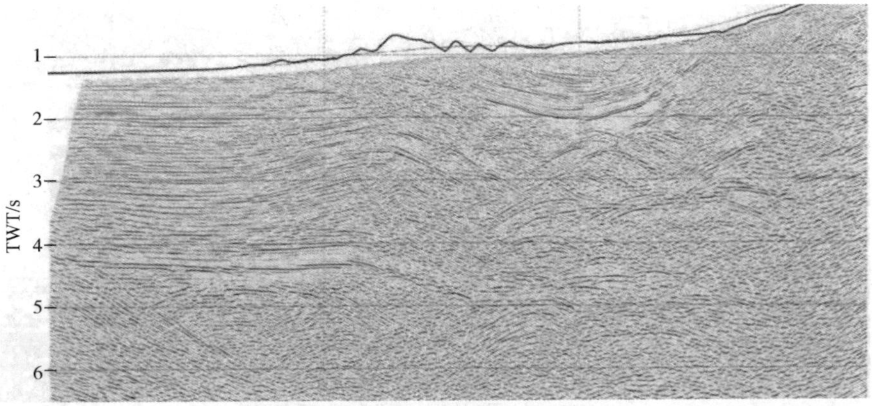

(a)A1地震测线剖面示意图

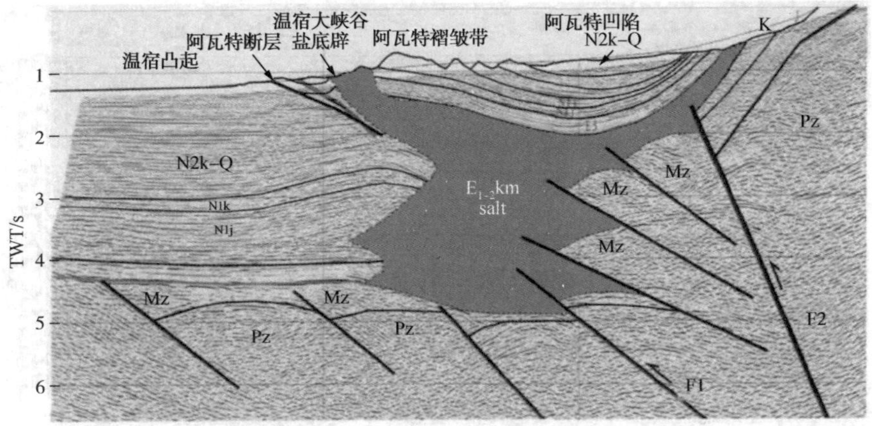

(b)A1地震测线的原断层及层位、盐岩体解释成果示意图

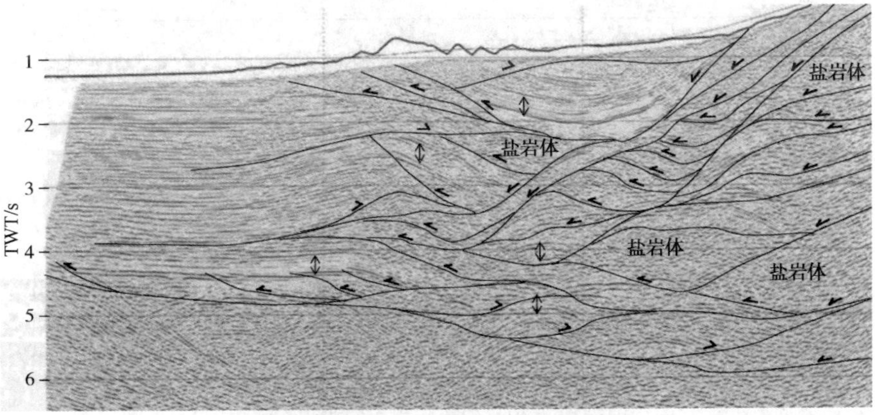

(c)本次A1地震测线的地震资料解释成果示意图

图 2-36　山前带某勘探区不同测线中不同解释模式成果示意图
（据吴珍云，2014 年，略有改动）

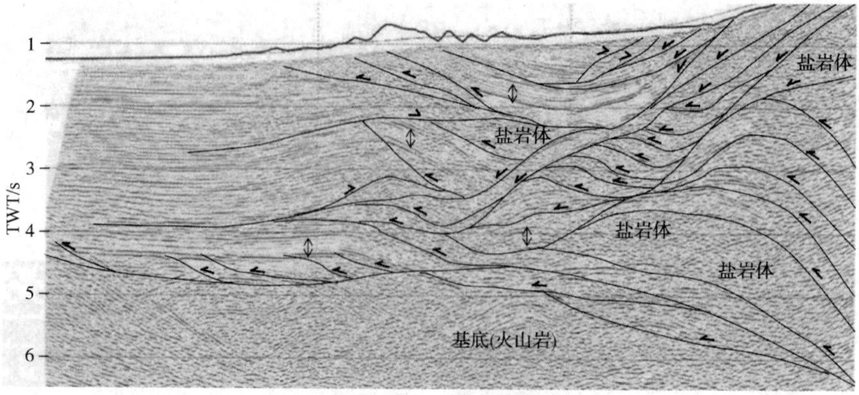

(d)本次A1地震测线的另一种解释模式示意图

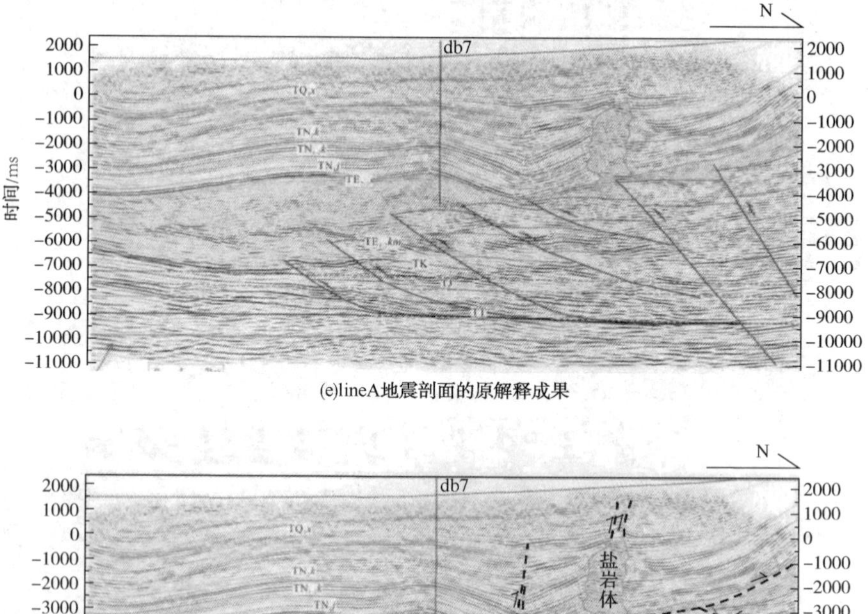

(e)lineA地震剖面的原解释成果

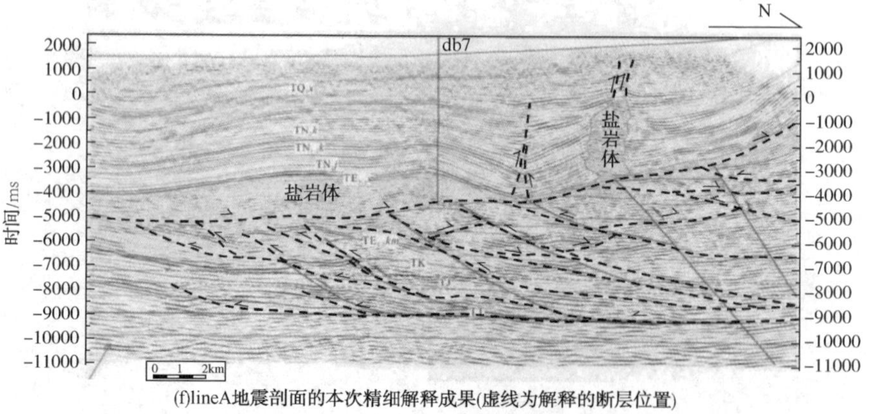

(f)lineA地震剖面的本次精细解释成果(虚线为解释的断层位置)

图 2-36　山前带某勘探区不同测线中不同解释模式成果示意图

(据吴珍云，2014 年，略有改动)(续)

图(c)中的双箭头位置为同一层位位置，确定相关层位位置在对断层解释过程中相对有利，盐岩体反射呈杂乱、空白状；此外，同一个解释员基于不同的地震解释模式及不同的时间段，所得到的解释成果也可能不同

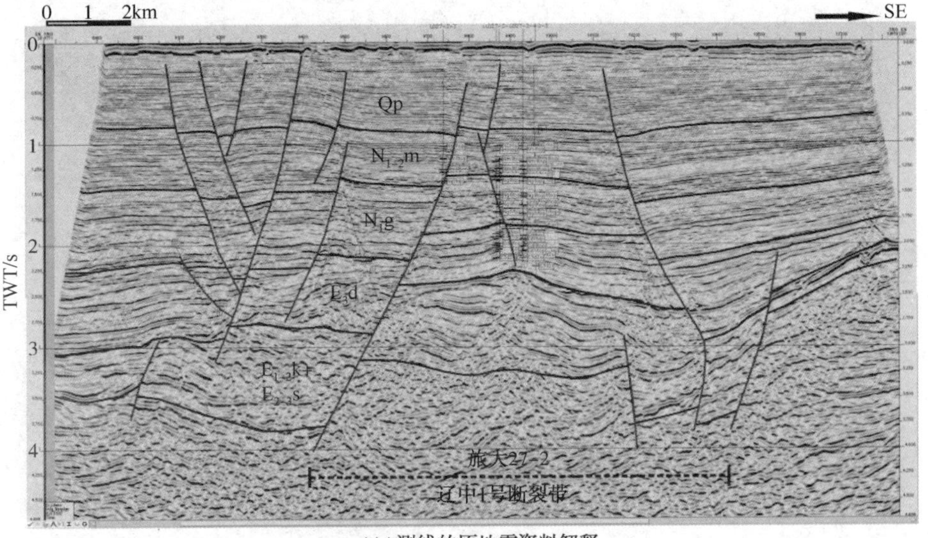

(a)A测线的原地震资料解释

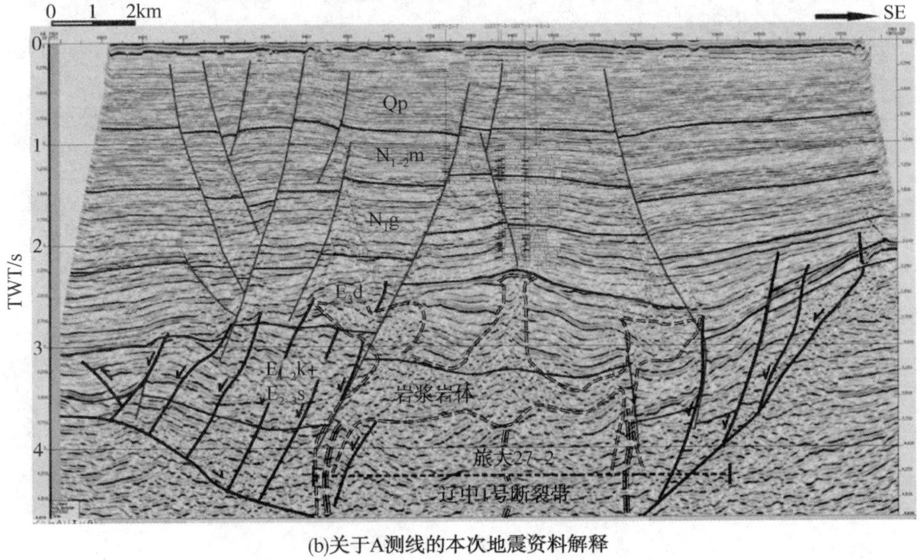

(b)关于A测线的本次地震资料解释

图 2-37　辽中凹陷不同测线中不同解释模式成果示意图

（据肖锦泉，2015 年，略有改动）

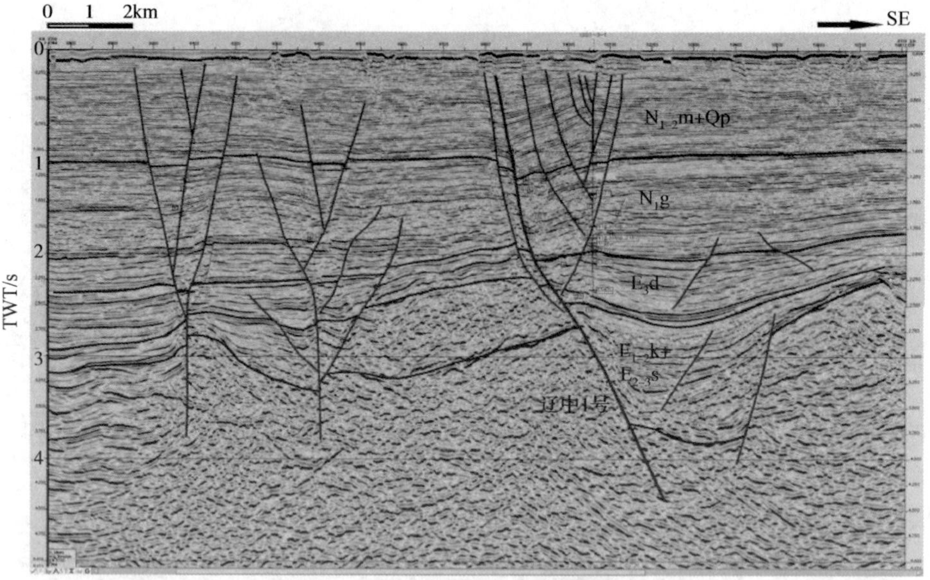

(c)关于B测线的原地震资料解释

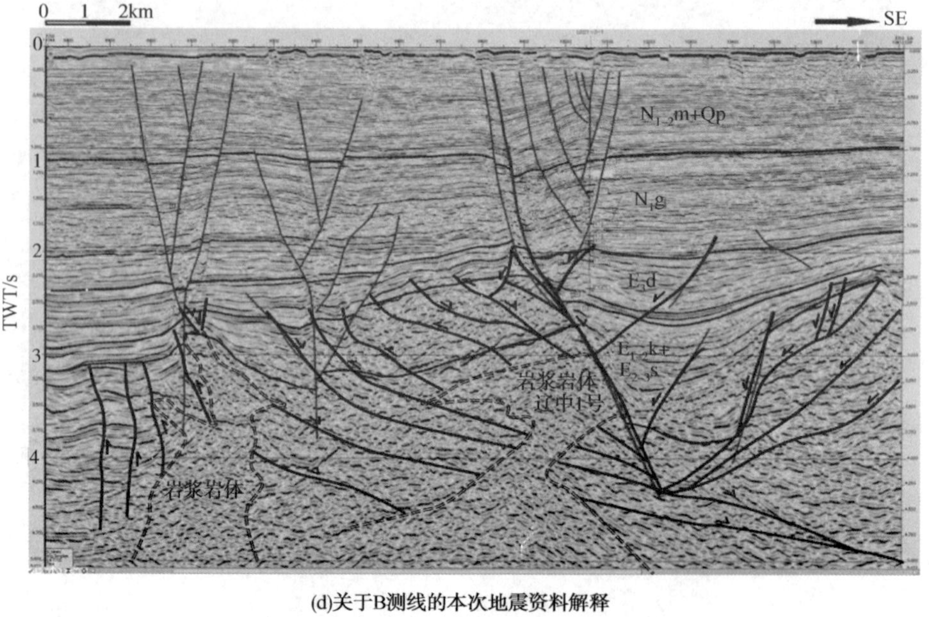

(d)关于B测线的本次地震资料解释

图 2-37　辽中凹陷不同测线中不同解释模式成果示意图

（据肖锦泉，2015 年，略有改动）（续）

可见基底老地层中的断层相对发育，与上部地层中的断层发育也有一定关系，双虚线区域为解释的岩浆岩体区域（岩浆岩体内部反射呈杂乱、空白状），岩浆岩体对老断层区域进行侵入，一些断层表现出上逆下正的断层性质，图中单箭头所指示的方向为断层上盘的运动方向，图（b）可以见到岩浆岩体向上侵入的通道（三虚线位置）；此外，原地震资料中的断层解释为灰色实线，本次地震资料重新解释的断层位置为黑色粗实线，两者有一定的区别

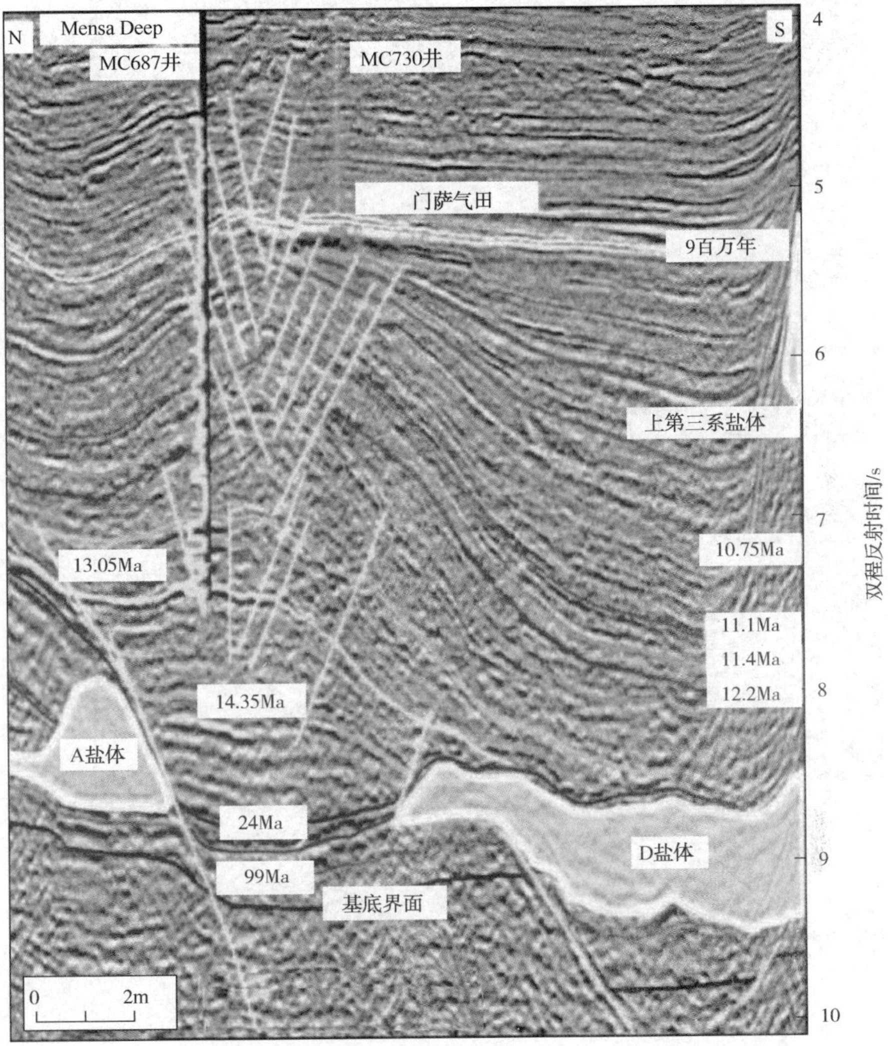

(a)A测线的原地震资料解释

图 2-38 Mensa 气层在某地震测线中不同解释模式成果示意图
（据 Pfeiffer，2000 年；转引自卢景美，2015 年，略有改动）

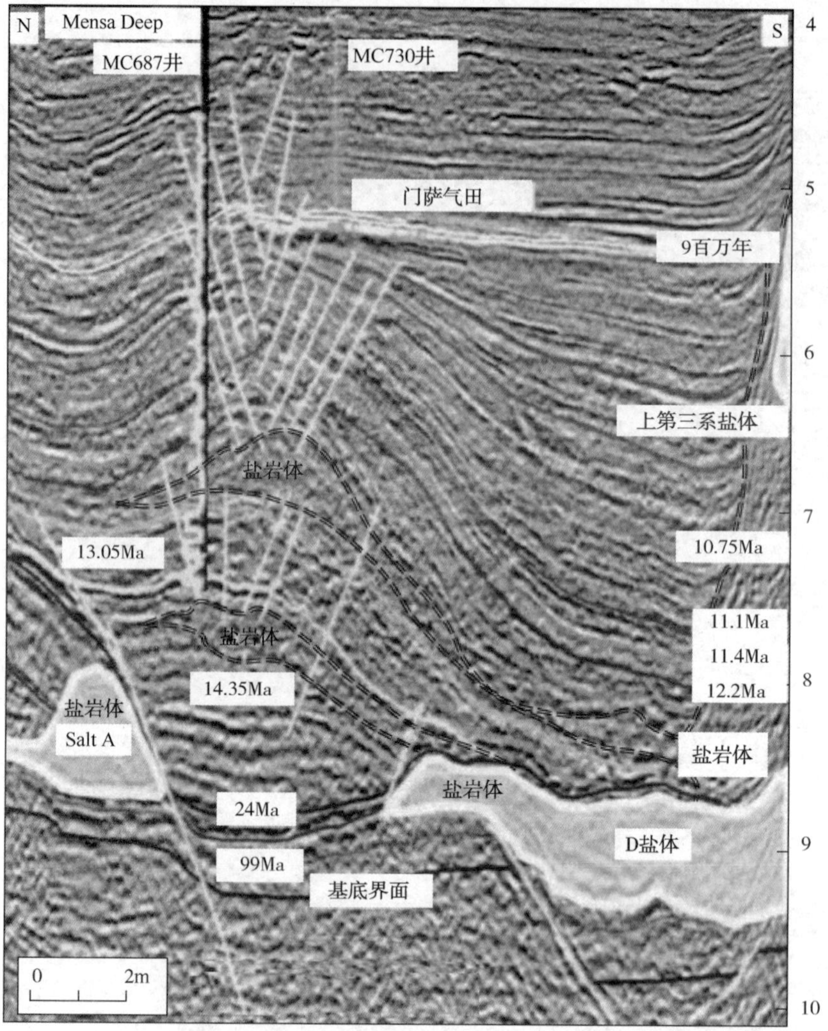

(b)关于A测线的本次地震资料解释

图 2-38 Mensa 气层在某地震测线中不同解释模式成果示意图

（据 Pfeiffer，2000 年；转引自卢景美，2015 年，略有改动）

本次解释认为该背斜构造发育及其核部区域正断层的发育，与盐岩体的侵入及变形是相关的——背斜两翼的地层厚度与核部厚度差异较大，另外，可见背斜下部的盐岩体造成其背斜核部区域下陷的现象

2.4.2 地震剖面质量

首先，地震剖面质量直接关系到解释成果质量，这个是毋庸置疑的。如在某条地震测线的地震资料处理环节中，由于其所定义的观测系统出现错误，导致其

地震剖面不能准确成像；又如某二维地震勘探区，其一些测线处理是时间域的，又有一些测线是深度域的，造成两者在解释软件里的数据库系统中，显示的纵坐标出现错误或问题，从而导致二维测线层位及断层的解释点不闭合，而导致解释成果不可靠。因此，在地震资料解释过程中，必须注意到地震剖面质量的问题。原则上要求把控地震资料采集及处理环节，不能让其出现质量问题。另外，如某一条地震测线(图 2-39)，从该地震剖面来看，存在的主要问题是横坐标不对——间距与桩号增量不成正比，桩号间隔也不一致，间距出现时大时小的问题；另外，纵坐标出现两个刻度标准(1.0s、6.0s)，也令人感到难以解释；地震剖面中的反射波显示，水面底部发射呈层性好(约 0.5s 位置)，水平状反射——具有局部多次波，而其火山岩(岩浆岩体，图 2-39 中的双虚线位置)反射及内部之间的沉积岩反射也较为清晰，但其与 A 界面上至上部的水底反射之间内部呈空白反射状，预示无沉积地层发生沉积(或淤泥质充填)？估计与正常的地质认识不同，两者之间应该有正常的沉积地层，而地震剖面中没有，所以要加强处理环节，真正地反映出地下的地质构造及结构。在地震资料处理中，原则上要对有用

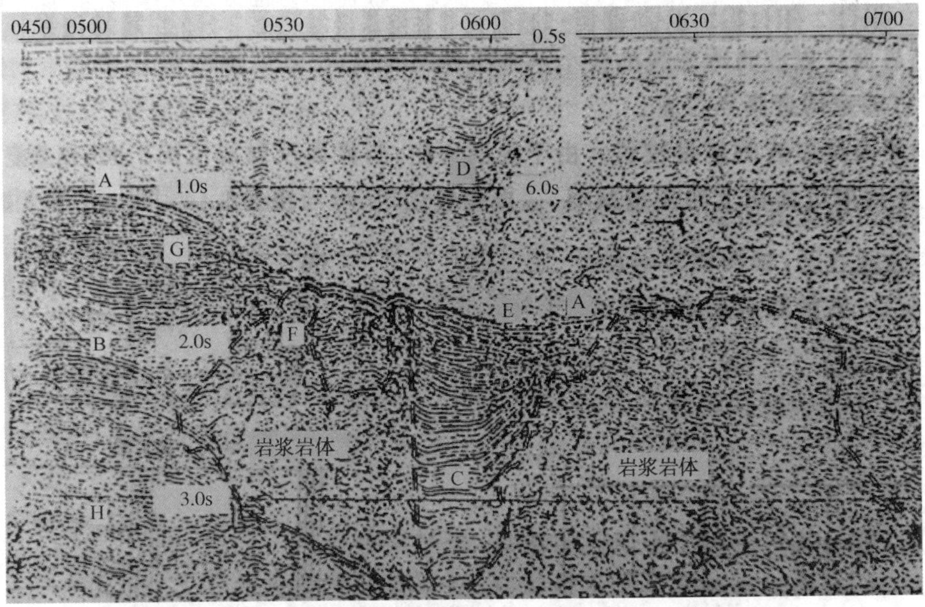

图 2-39　某勘探区内地震资料解释成果及波组特征示意图
(据孙家振等，2002 年，略有改动)

图中 A 界面为基岩顶面，应该是火山岩体顶界面，D 区域的地震反射推测为侧向异常体干扰——其与两侧的地震反射特征呈现出格格不入的现象，E 界面应该为流纹岩与上覆的泥质物的界面，C 区域应该为变质岩或沉积岩区域，G 及 B 区域推测为侵入岩区域，H 区域为老地层所在区域，双虚线所圈定区域 F 应该为火山岩体内幕反射，呈杂乱、扭曲状，外形不规则

的地震反射波进行加强，而对无用的地震干扰波进行减弱或消除，这样相对有利于后续的地震资料解释。

另外，由于地震资料处理的针对性(针对不同的目的层或目标体等所使用的处理技术也可能不一样)不同，导致关于目标体的成像及解释成果也会出现差异。如在川中针对某目的层缝洞体的解释中，散射成像剖面相对优于常规地震剖面(图2-40)，对缝洞体的解释结果相对准确。在地震资料解释中，应该尽量使用偏移类地震剖面或地震数据体进行解释，因为这些数据都对相关的层位进行偏移归位后，使其位于正确的位置上，与实际的地质情况吻合度较好。而在地震叠加剖面中，由于存在相关的绕射波或干扰波等，造成在地震资料解释过程中对层位或异常体的位置不确定，并且与相关的地质现象具有一定的差异性(不归位处理所造成)，不能进行有效及相对准确性的解释(图2-41)。因此，在地震资料解释中，必须以偏移剖面为主进行解释，而叠加剖面可以作为一种辅助手段进行相关的地震资料解释工作。如在针对四川盆地的火山岩气藏的勘探开发中，针对某勘探区的地震资料处理，对某三维地震工区分别采用了常规各向异性叠前深度偏移处理技术及基于井驱动的各向异性叠前深度Q偏移处理技术，所得到的地震数据的剖面存在一定的差异性(图2-42)，一些目标区域的同相轴及火山岩体的成像不一样，从而导致地震资料解释出现多解性。

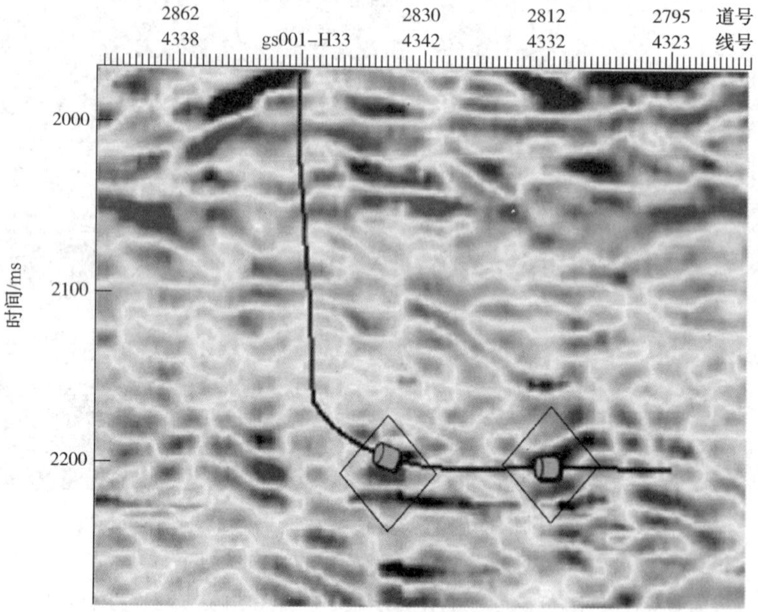

(a)散射剖面中缝洞体的解释模式

图2-40　某勘探区内过gs001-H33井的不同地震剖面的解释模式成果对比示意图(据姜晓宇等，2022年，略有改动)

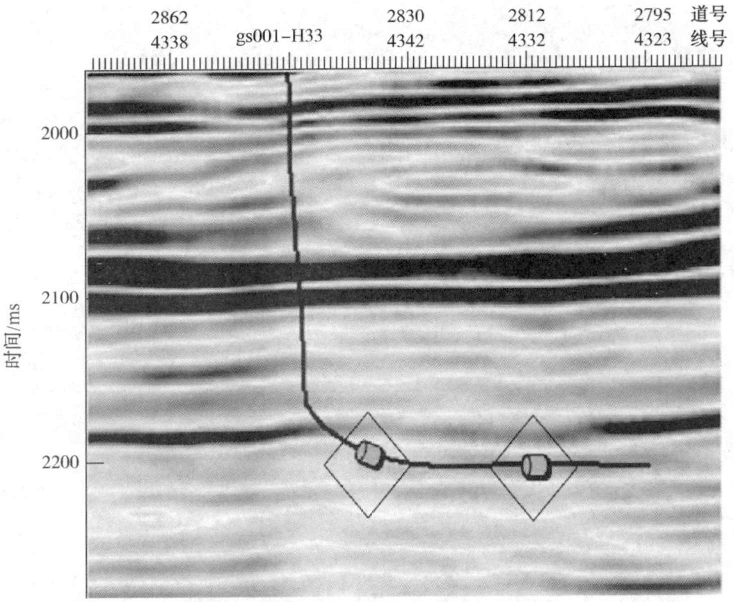

(b)常规剖面中缝洞体的解释模式

图 2-40　某勘探区内过 gs001-H33 井的不同地震剖面的解释模式成果对比示意图(据姜晓宇等，2022 年，略有改动)

从两种剖面的解释结果来看，缝洞体异常(图中的菱形)以散射剖面相对清晰(串珠状)，常规剖面异常难以分辨

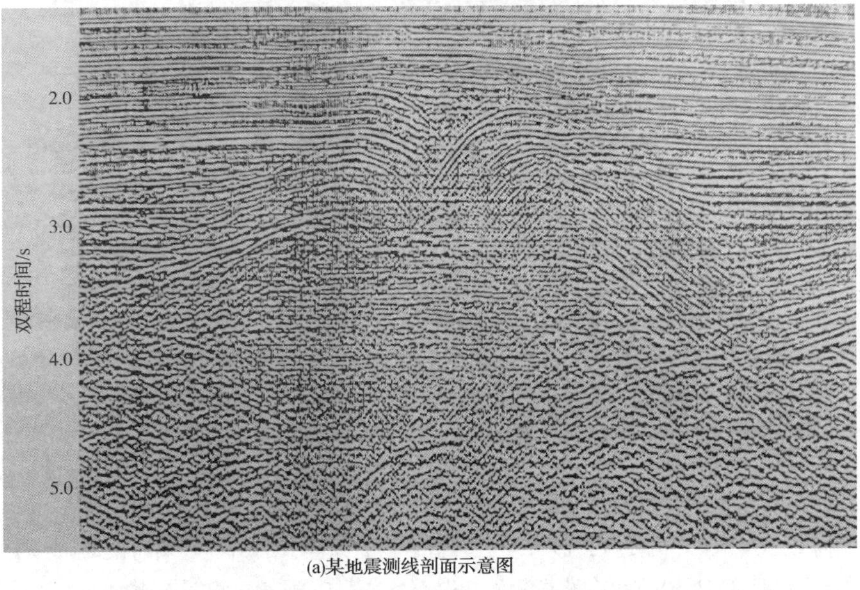

(a)某地震测线剖面示意图

图 2-41　印度安达曼海某勘探区某测线中不同解释模式成果示意图
(据 ESSO 勘探公司资料，1973 年；转引自杨克绳等，2006 年，略有改动)

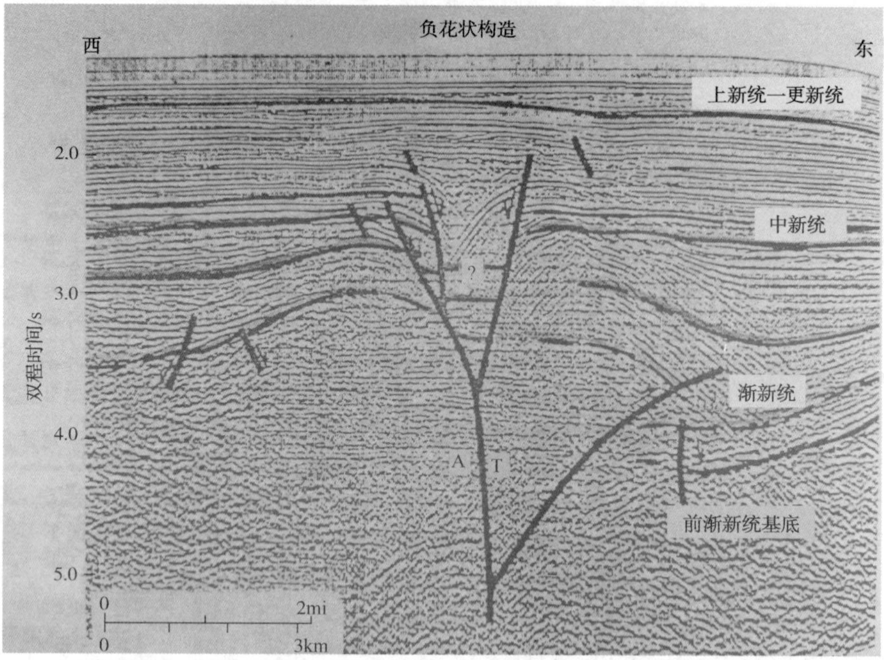

(b)原专著中的断层及层位解释成果示意图

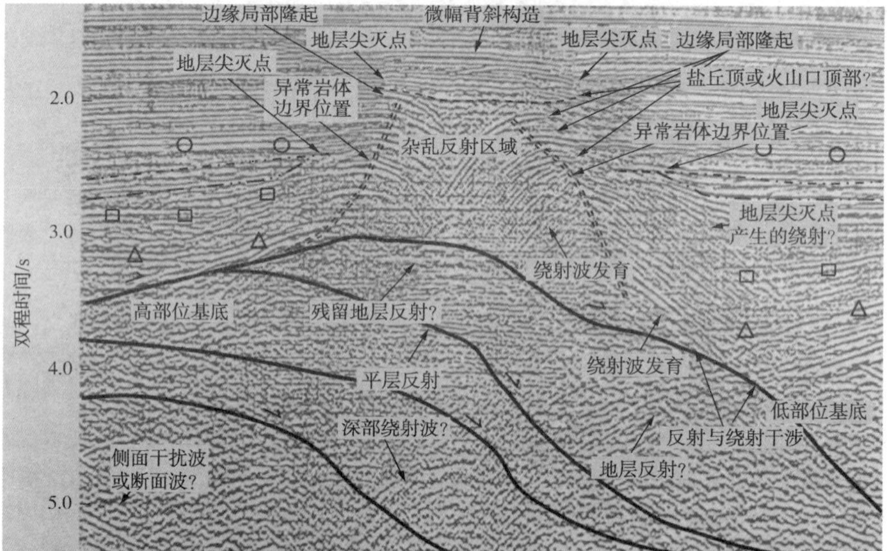

(c)本次地震资料解释成果示意图

图 2-41　印度安达曼海某勘探区某测线中不同解释模式成果示意图

（据 ESSO 勘探公司资料，1973 年；转引自杨克绳等，2006 年，略有改动）(续)

原解释成果[图 2-41(b)]揭示负花状构造，本次解释为基底岩浆岩(或盐岩体)隆起及大型断层所造成的构造，不同形状指示不同的层位位置，盐岩体所引起的两侧绕射相对清晰、可靠

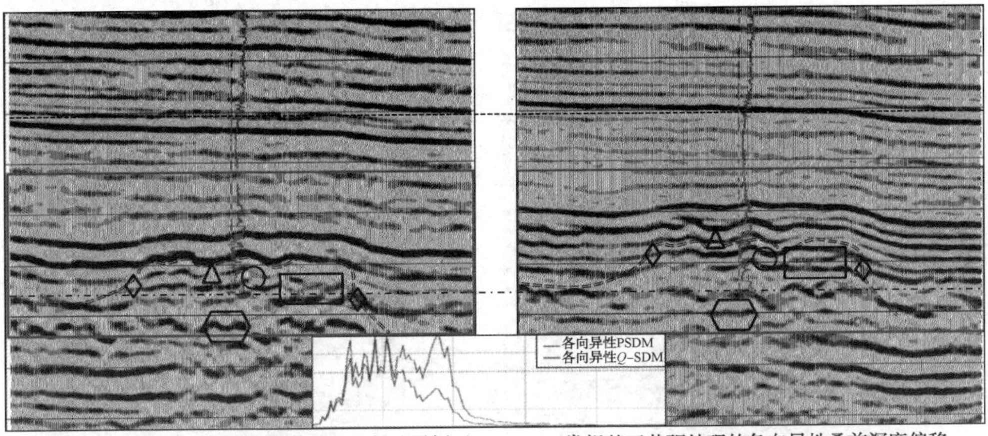

(a)常规基于各向异性叠前深度偏移处理的地震剖面

(b)常规基于井驱处理的各向异性叠前深度偏移(Q-PSDM)处理的地震剖面

图 2-42　四川盆地某勘探区针对火成岩体处理的不同处理技术所得到同一个地震剖面中成果及对比示意图(据荀量等，2022 年，略有改动)

可见常规基于各向异性叠前深度偏移处理的地震剖面与基于井驱处理的各向异性叠前深度偏移(Q-PSDM)处理的地震剖面具有较大的差异性，差异一为在地震剖面垂向上的深度标尺中，两者不吻合(而井上的深度是一致的)，见两图中的黑色点画线及黑色虚线位置的对比，差异二为地震剖面中的不同外形内部的地震反射波组出现差异，如菱形框内的波组在横向上出现中断现象(常规叠前深度偏移)，而在基于井驱处理的各向异性叠前深度偏移剖面中的菱形区域内的波组在横向上是连续的，这个点应该是火成岩体与沉积岩的分界点，结果显示常规叠前深度偏移处理成果要优于基于井驱处理的各向异性叠前深度偏移成果，此外，两图中所解释的双虚线为解释的火成岩体的界面，某钻井打在火成岩体的高部位(古地貌也相对高)，整个火成岩体呈隆起状——高部位推测为火山口位置

其次，常规地震数据采集主要是在地表进行激发及接收，这样导致相关的地震入射线及出射线的总路径增长及对反射波归位难度增大(如高陡构造区及断层复杂区域)，另外，所激发的地震波在地层中的长程传播，可以导致地震波能量及频率的衰减、地震子波的波形发生变化，从而导致所采集地震资料的分辨率及信噪比降低。针对于此，相关的地球物理技术人员开发了相关井中地震技术(VSP)，从而解决上述常规地震出现的一部分问题，如设定检波器在井中接收及在地表实施激发后，其地震波的入射线及出射线的总路径比常规地面采集的路径相对短一些，其地震波的能量及频率的衰减也小很多，从而使经过处理后的井中地震剖面的分辨率相对高于常规地震剖面的分辨率。这样的地震采集差异性，也会导致了地震资料解释的可靠性及精度不一样。一般情况下，井中地震资料(或者将 VSP 资料与常规地震资料叠合解释)的解释精度要高于常规地震资料的解释精度(图 2-43、图 2-44)。

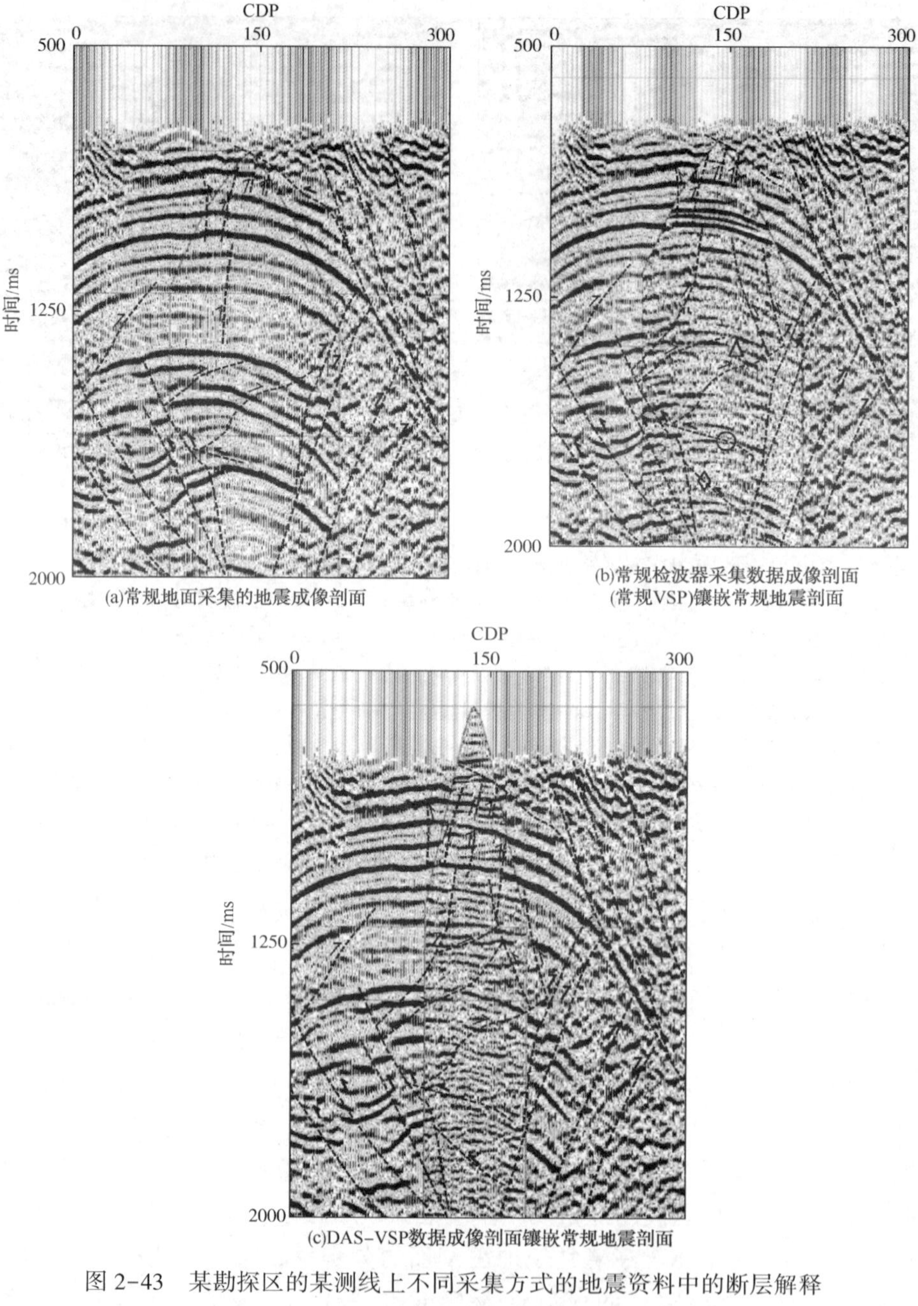

(a)常规地面采集的地震成像剖面

(b)常规检波器采集数据成像剖面
(常规VSP)镶嵌常规地震剖面

(c)DAS-VSP数据成像剖面镶嵌常规地震剖面

图 2-43　某勘探区的某测线上不同采集方式的地震资料中的断层解释结果对比示意图(据梁兴等，2022 年，略有改动)

黑色虚线为不同地震剖面中解释的断层位置，黑色单箭头方向为断层上盘的运动方向，灰色实线为 VSP 数据替代常规地震数据所镶嵌的数据范围，图(b)中的不同图形位置，预示图(b)的断层解释成果与图(a)(c)之间的差异，结果显示 DAS-VSP 数据成像剖面断层解释成果最佳，次为常规 VSP 数据，常规地面地震数据的断层解释精度相对最低

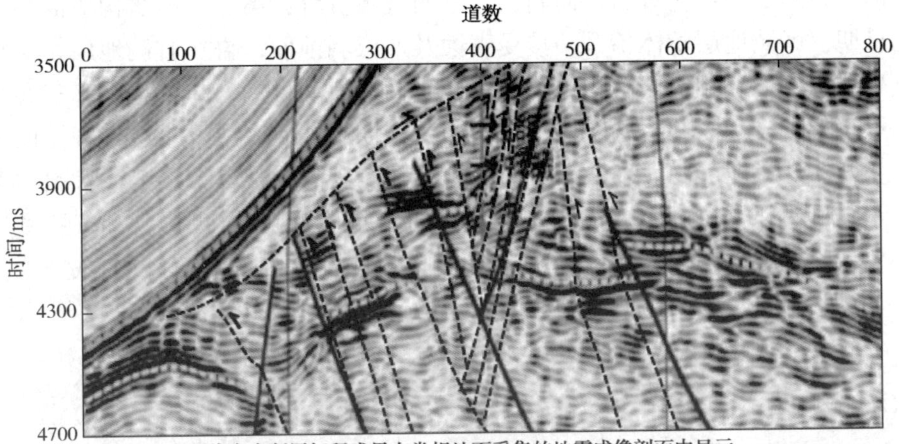

(a)将本次断层解释成果在常规地面采集的地震成像剖面中显示

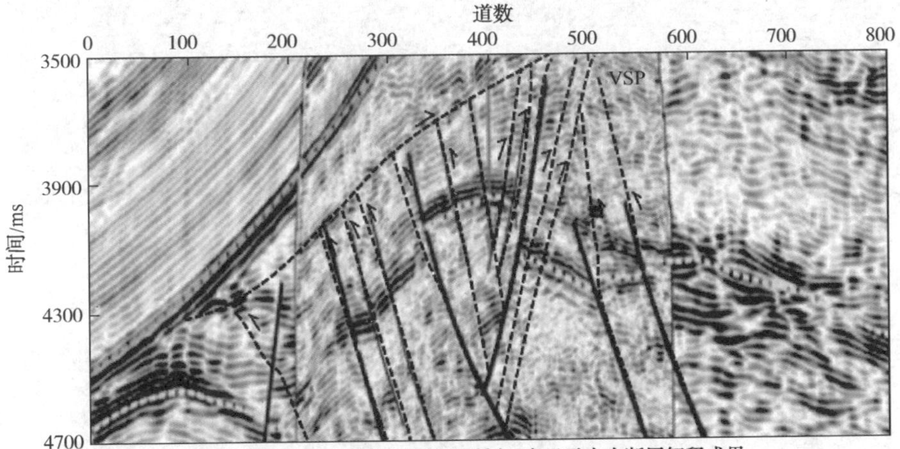

(b)在常规VSP成果镶嵌常规地震剖面中显示本次断层解释成果

图 2-44　某勘探区的某测线上不同采集方式的地震资料分辨率结果对比示意图(据蔡志东等，2022 年，略有改动)

2.4.3　解释地质现象

对于地震资料解释来说，利用反射波组对地质现象进行地震解释，是相当重要的。一般情况下，地层正常沉积及发生构造变形是相当普遍的(图 2-45～图 2-49)，并且这样有利于油气的运移。因此，对地震剖面上的各种沉积相的识别、各种沉积岩体及火成岩体(如古潜山等)、膏盐岩等建立地震地质模式，对于地震资料解释是帮助巨大的，断层模式也是必须建立的。如对塔里木某勘探区的地震资料进行分析，从某一个地震剖面(图 2-45)来看，有三个相对明显的地质构造活动。第一个地质构造活动，为至奥陶纪末期，所沉积的地层遭受到缓慢的挤压变形，并形成一系列背斜及向斜，大型断裂不发育；第二个地质构造活动为石炭纪早期，区域地层整体抬升，接受剥蚀及形成剥蚀面，再在右侧地层相对抬起形成高地貌接受海相地层沉积；第三个地质构造活动显示，在二叠系和三叠系存在沉积间断，显示区域地层整体抬升、遭受长期剥蚀或表层及断层带区域的岩溶活动。另外，从地震剖面来看，背斜区域存在有利的油气勘探形势。背斜顶部出现反射波组局部下拉(图 2-45 中黑色箭头所指示位置)，推测为含油气所致，并且有平点反射出现(图 2-45 中白色箭头所指示位置)，应该是有古油藏埋藏，并且没有被后续的断层或构造活动所破坏，值得布设勘探井。

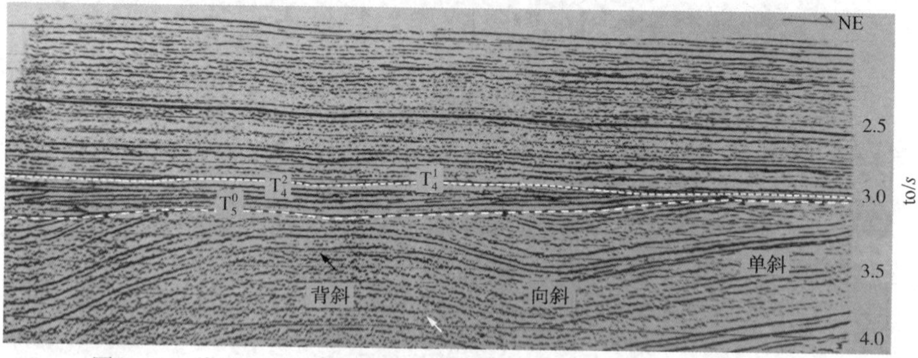

图 2-45　塔里木盆地某勘探区内地震地质解释成果及沉积特征示意图

(据陈开远等，1993 年，略有改动)

地震剖面中两个白色虚线界面为区域性的侵蚀界面，背斜核部上部的地层局部下陷

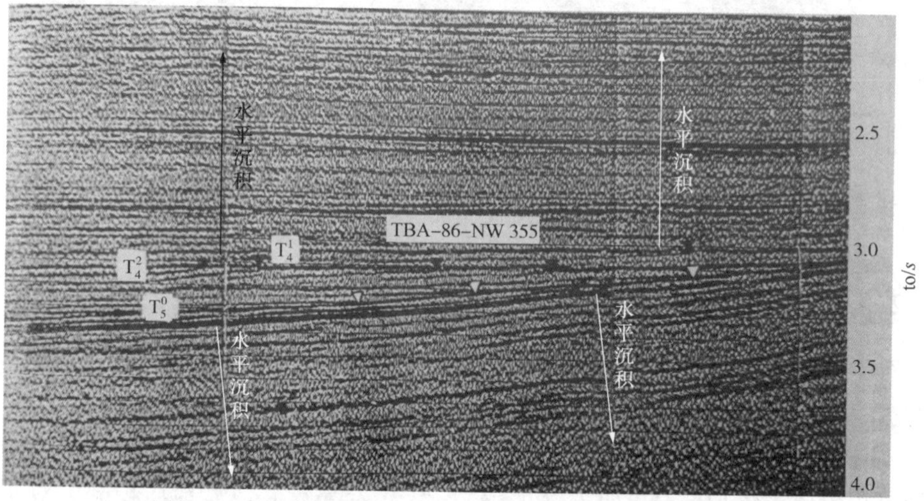

图 2-46　塔里木盆地某勘探区内某测线的沉积特征示意图

(据陈开远等，1993 年，略有改动)

可见地震剖面中的水平沉积现象(黑色单箭头区域)，以及两者之间的

地层出现局部上超及顶部剥蚀现象

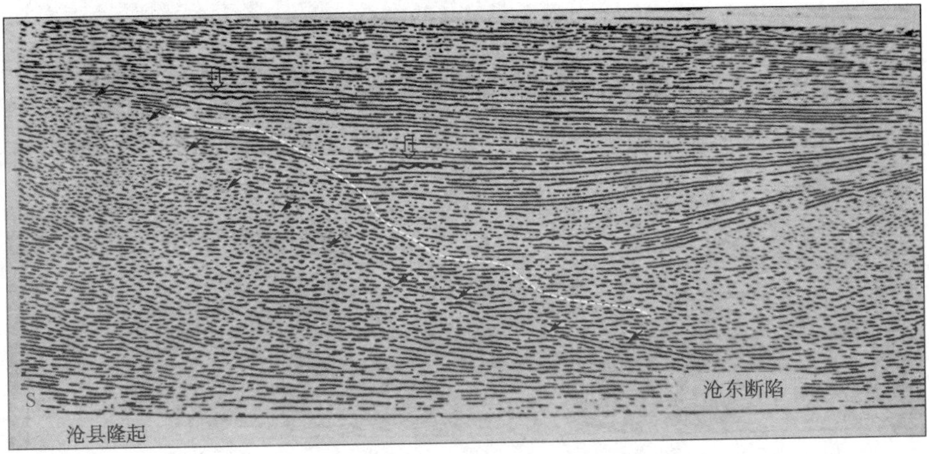

图 2-47　塔里木盆地某勘探区内某测线的沉积特征示意图

（据杨克绳等，2006 年，略有改动）

黑色箭头所指示区域为大型生长性断层位置（控沉积断层），白色虚线位置为推测的扇体位置，空心黑色箭头所指示的位置为推测的河道体位置

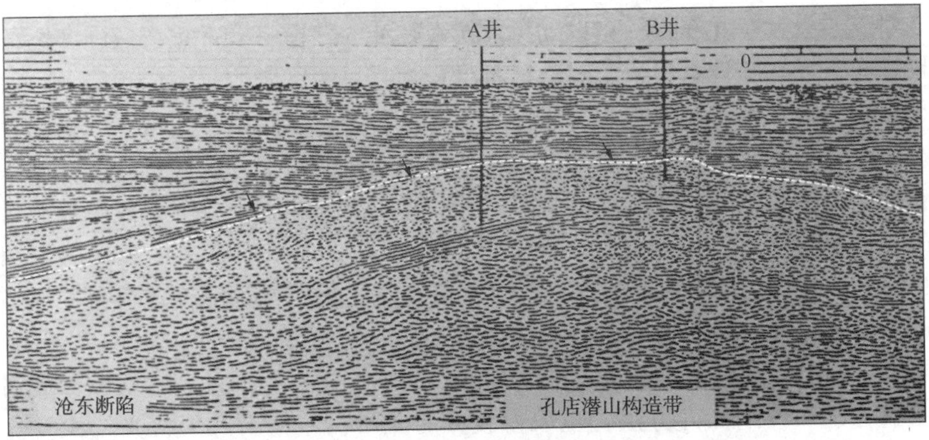

图 2-48　我国东部某勘探区内某测线的古潜山反射特征示意图

（据杨克绳等，2006 年，略有改动）

图中的黑色箭头所指示的白色虚线为解释的古潜山顶界面，整个古潜山呈宽缓背斜形，A 井及 B 井均打在古潜山的背斜高部位，古潜山与其上部地层具有披覆关系，在古潜山两侧可以见到上部沉积地层出现上超的沉积现象

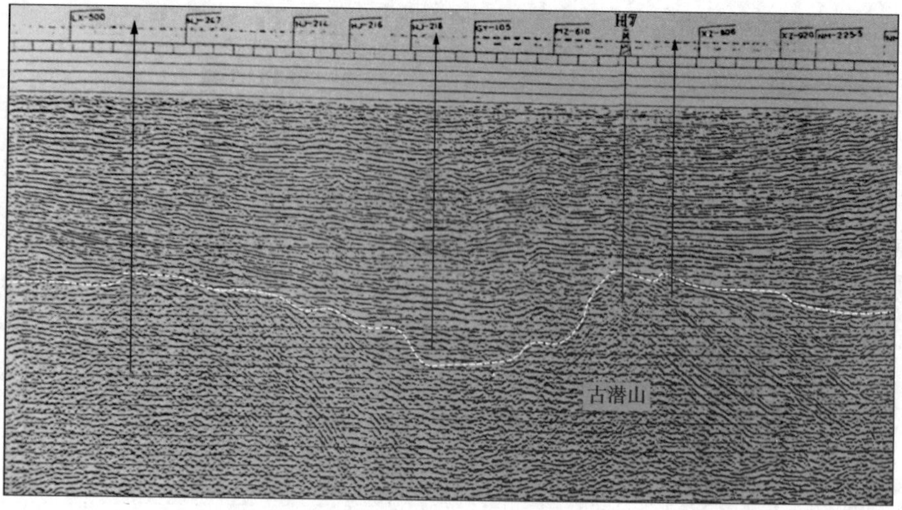

图 2-49　我国东部任丘勘探区内某测线的古潜山反射特征示意图

(据杨克绳等，2006 年，略有改动)

图中的白色虚线为解释的古潜山顶界面，可见古潜山内部反射与其上部正常地层沉积的反射具有较大的差异性——产状、反射特征等，大部分钻井钻穿古潜山顶界面及进入其顶部区域

2.4.4　布设勘探井

对于布设勘探井来说，布设勘探井技术在油气勘探中非常重要。在实际的油气勘探布设勘探井技术中，主要是针对沉积相、目的层构造、储层预测及评价等成果综合分析来布设(图 2-50~图 2-56)。由于它是一种相对高精深的技术，需要综合分析各种成果及考虑得失，所以布设勘探井相当讲究，并且一般在高层勘探者的结论中实施决策。在勘探早期，一般利用二维地震资料解释成果找到目的层的构造高位置(俗称打高点)，并且布设勘探井，也取得较大的成功，当然失败也有；取得成功后可以马上布设三维地震数据采集，更为准确地对目的层实施储层预测及评价、精确地构造解释成果等。此外，特别是针对岩性油气藏勘探，所布设目的层高点不一定有效，必须具体问题具体分析。因此，一些勘探公司推出“三步式”布设勘探井方法，也取得较大的成果，如在川东的普光气田及元坝气田的早期油气勘探等。一般情况下，“三步式”布设勘探井，主要是从沉积相分析(第一步，确定有利于油气勘探的沉积相并且确定其平面上的分布位置)、储层预测(第二步，关于有利沉积相的储层预测及确定优质储层的平面位置)、含气性分析(第三步，对优质储层的位置再次进行含气性预测及评价，确定富气储层平面位置)等三步，再结合目的层的构造平面图，在综合异常中确定富气储层的有利位置进而布设勘探井(相对高位置，考虑与断层的距离、顶底板情况等综合分析布设)，这样布设勘探井，有望获得油气勘探的突破。

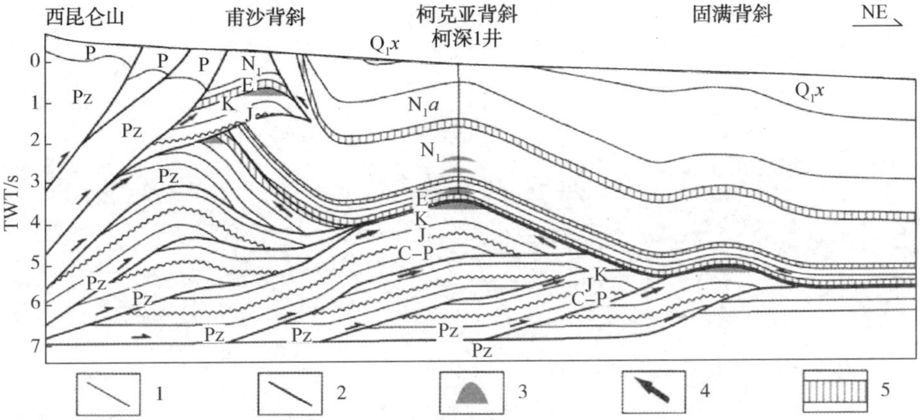

图 2-50　基于打背斜高点的塔里木西南山前冲断带的柯深 1 井布设示意图

（据李萌等，2015 年，略有改动）

图例 1 为地层，图例 2 为断层，图例 3 为气藏，图例 4 为运移方向，图例 5 为膏盐岩，可见其山前带断层的解释模式，以及其附近的双重构造模式，柯深 1 井打在离山前带的一级潜伏背斜构造的高点位置上

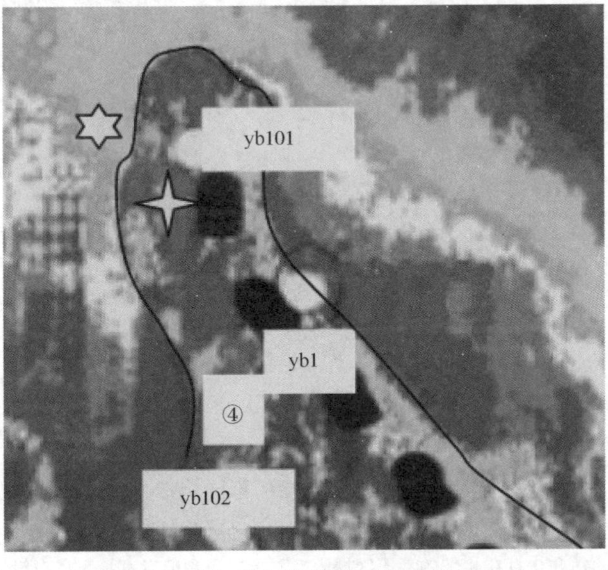

图 2-51　在川东北长兴组礁相勘探的不同布设勘探井方式示意图

（据胡伟光等，2010 年，略有改动）

图中的十字星的井位布设在生物礁相带内——钻井解释长兴组富气储层，而六角星形的井位布设在礁带外——钻井解释长兴组不含气，所布设的井与目的层的构造位置关系不大，黑色实线区域内为生物礁相带，所以相带的精确确定对油气勘探相当重要

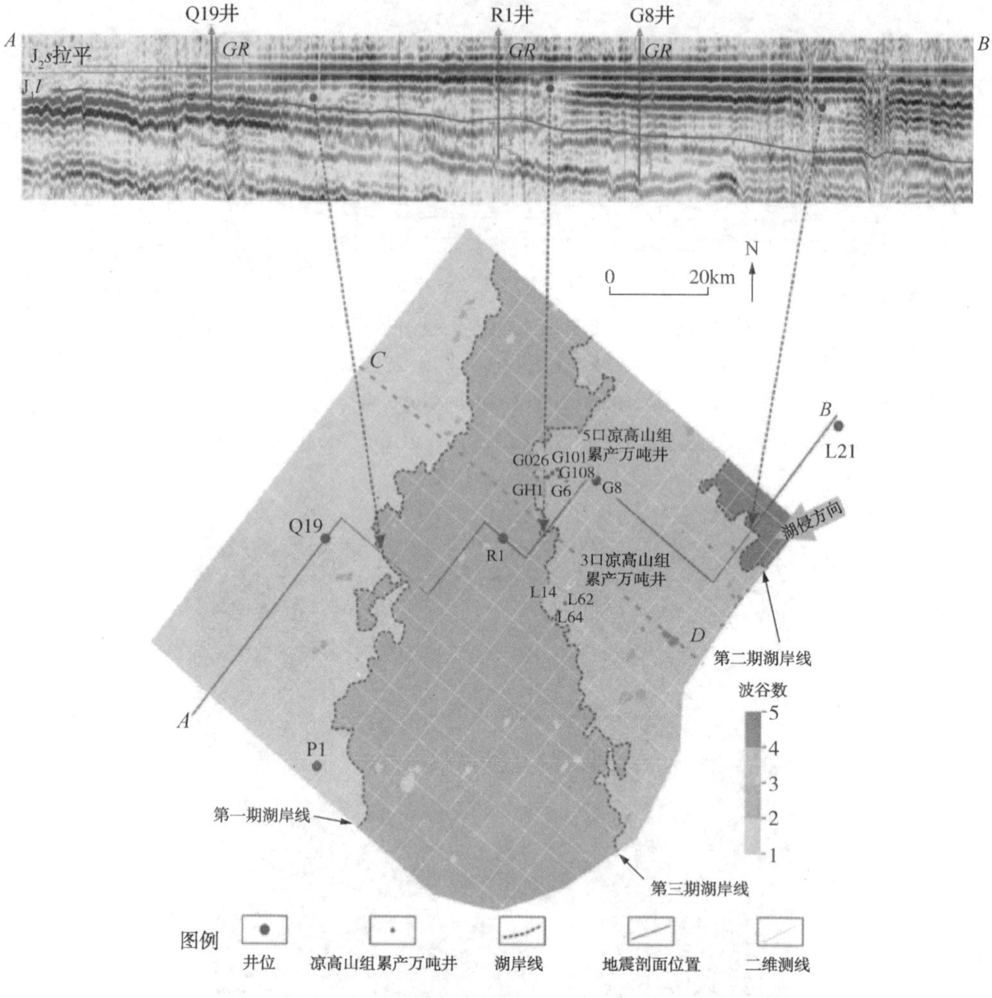

图 2-52　川中地区关于凉高山组油气勘探的不同相带内布设勘探井方式示意图（据白桦等，2022 年，略有改动）

所布设的钻井均打在相带的尖灭区域内，并参考了裂缝发育情况后布设勘探井，所布设的井位的裂缝相对发育，并且位于构造相对较高部位

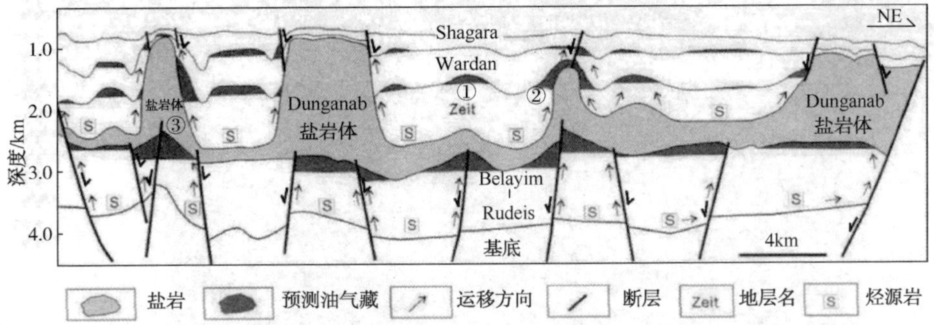

图 2-53 苏丹红海盆地油气成藏模式分析示意图(据吴珍云，2014 年，略有改动)

该盆地的断层为正断层模式，油气藏与盐岩体及背斜构造相关，①号油气藏模式为两个盐岩体之间的背斜构造，为盐岩体上部地层，属于龟背斜构造圈闭，②号油气藏模式为盐上构造成藏，可以在盐岩体顶及侧面成藏，属于不整合圈闭或断层遮挡圈闭、盐体侧向遮挡型圈闭，③号油气藏模式为盐下构造成藏，在盐岩下所发育的背斜构造中成藏，并且在断层的上端区域、S 地层的上部地层及盐岩体下部，属于断层遮挡型圈闭

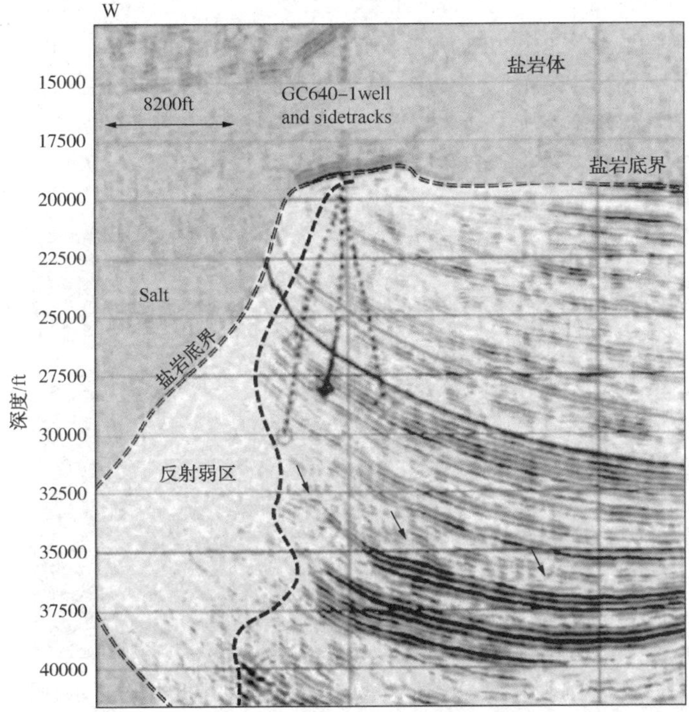

图 2-54 Tahiti 油田的地震剖面解释成果及勘探井布设示意图

(据 C&C，2009 年；转引自卢景美，2015 年，略有改动)

可见钻井打穿盐岩体进入其下覆的单斜地层中的目标体，盐岩侧向出现弱反射区，应该为侧向屏蔽所致，箭头处区域为异常体区域，推测具有含油气的可能性

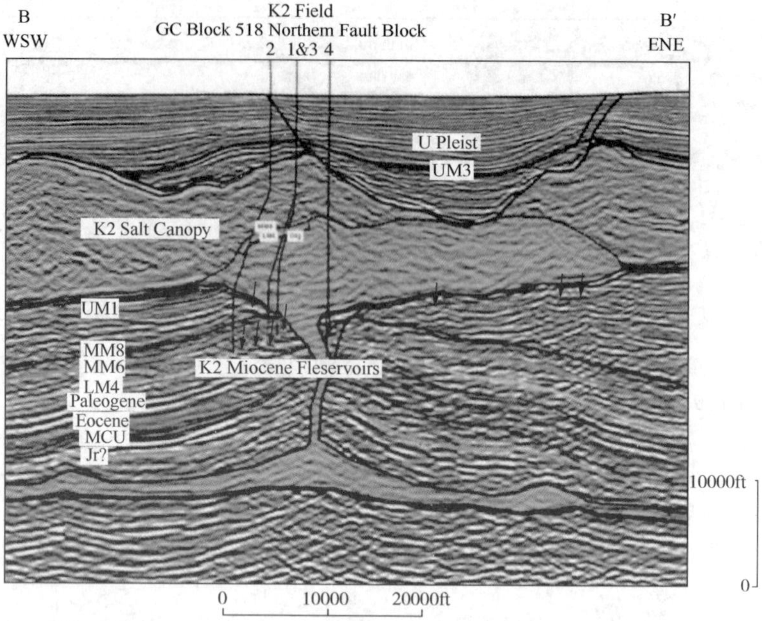

图 2-55　K2 油田的地震剖面解释成果及勘探井布设示意图

（据 Mount，et al.，2006 年；转引自卢景美，2015 年，略有改动）

图中的黑色箭头所指示的位置为“平点”型亮反射及处于构造的高部位上，推测是储层含油气所致，一些钻井穿过盐岩层打在平点异常区域上，获得高产油气流

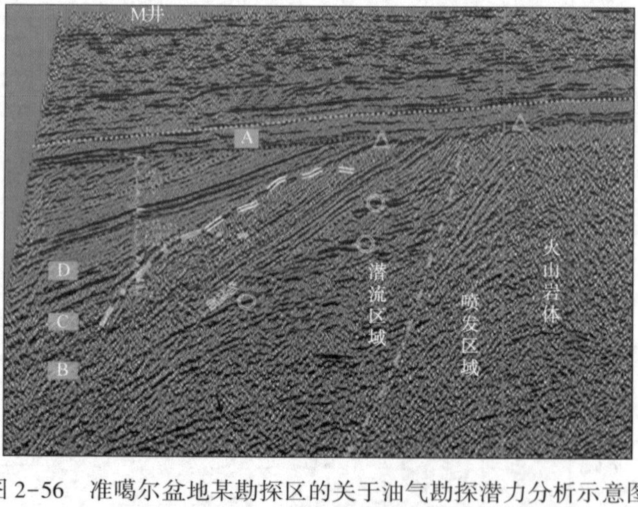

图 2-56　准噶尔盆地某勘探区的关于油气勘探潜力分析示意图

（据梅文科，2014 年，略有改动）

图中的 A 界面为区域的沉积剥蚀面，在白色三角形区域可以以打不整合面的油气藏为主，白色双虚线区域及白色点-划双线区域为岩性油气藏，以打岩性油气藏的方式为主，白色圆圈处的强振幅反射“亮点”型，应该以打古潜山油气藏为主，另外，注意黑色箭头所指示的层状反射，推测为某一个岩浆岩溢流界面或断层面、侧面干扰等所致——不能确定其地质含义

另外，在相关油气勘探区的勘探中，必须吃准勘探区是否具有油气勘探的立体勘探潜力。如在某勘探区，长期以来一直对二叠系长兴组礁滩相实施预测及评价，但勘探效果不理想；而在后续的勘探中，对二叠系下部的五峰—龙马溪组的海相页岩气勘探获得巨大成功，从而建立页岩气勘探示范区及实现页岩气商业开发。又如，在我国北方的某个勘探区，一直以河道砂体勘探为主要目标，却迟迟没有获得突破，后来转变思路，实施古潜山油气勘探，并获得重大突破。所以，在油气勘探中，必须实施思路及勘探创新，一击不中而转变主攻方向，可能获得突破。

在勘探井布设中，可以建立投票制度。在实际操作中，可以充分利用和发挥广大科技人员的智慧和想法，对勘探井实施投票制并统计同意、弃权和反对票，这样可以更好地知道参与勘探井布设或参与布设的相关技术人员的想法和思路、考虑等，从而能够集思广益，减少勘探井布设的风险，并能有计划去规避风险，实现勘探效益最大化。

在油气勘探过程中，可以建立地震资料处理、解释及反演等各个阶段标准化程序。如对于某个勘探区，可以建立一套成熟的、专业性强的地震资料处理、解释及反演流程、参数等，并对其建立相关的质控制度，从而实现标准化作业，更好地为勘探服务。

总的来说，对于一个关于油气勘探的研究区，必须摸清其相关的油气勘探潜力，并为后续的油气勘探工作指明方向。一般情况下，对于油气勘探的有利目标体，不外乎河道、礁滩相、海相及陆相页岩层(地震反射呈大面积的连续状)、地质异常体(火成岩体或古潜山等)，此外，还必须注意一下油气的运移方向及通道，这样就能相对清楚研究区内的目的层。如在准噶尔盆地东缘地区某地震测线上(图 2-56)，可以发现该勘探区的相关勘探方向——岩浆岩体及其上部的滩相(不整合面)。如该勘探区的 M 井设计打在地层 D 至地层 C 之间的一个异常体的斜坡区域，该异常体(点-划双线区域)内地震反射杂乱，与其两侧的地震反射特征具有差异性，推测为火成岩体(侵入地层所致)；白色三角形区域为不整合面 A，其为古潜山顶部及一些地层的剥蚀面，因此，也具有较好的油气勘探潜力；白色圆圈处，显示出“亮点”型强反射特征，推测为古潜水内部的有利储层，可以对其实施油气勘探。

对于地震资料解释，解释员必须建立相关的研究区内的地质解释模型或正演模型(图 2-57~图 2-62)，并根据相关的地质模式或断层性质及模型所解释的地震资料的实际情况，充分考虑地震波组的关系(如正常沉积或异常反射)，实施地震资料解释工作，这样，所得到的地震资料解释结果相对可靠。另外，也可以根据相关的地质认识、钻井资料及地震解释成果等，建立相关的物理模型进行关于构造作用的模拟或地震正演等，从而得到相关的地质模型及地震资料解释模式，以便对相关的地震资料进行带观念性(或地质观点)的地震资料解释，使其解释结果更符合相关的地质认识。另外，解释员必须加强对日常的地质模型的学习及认识、研究(图 2-63~图 2-65)，可以加强艺术、素描等课外的修养。

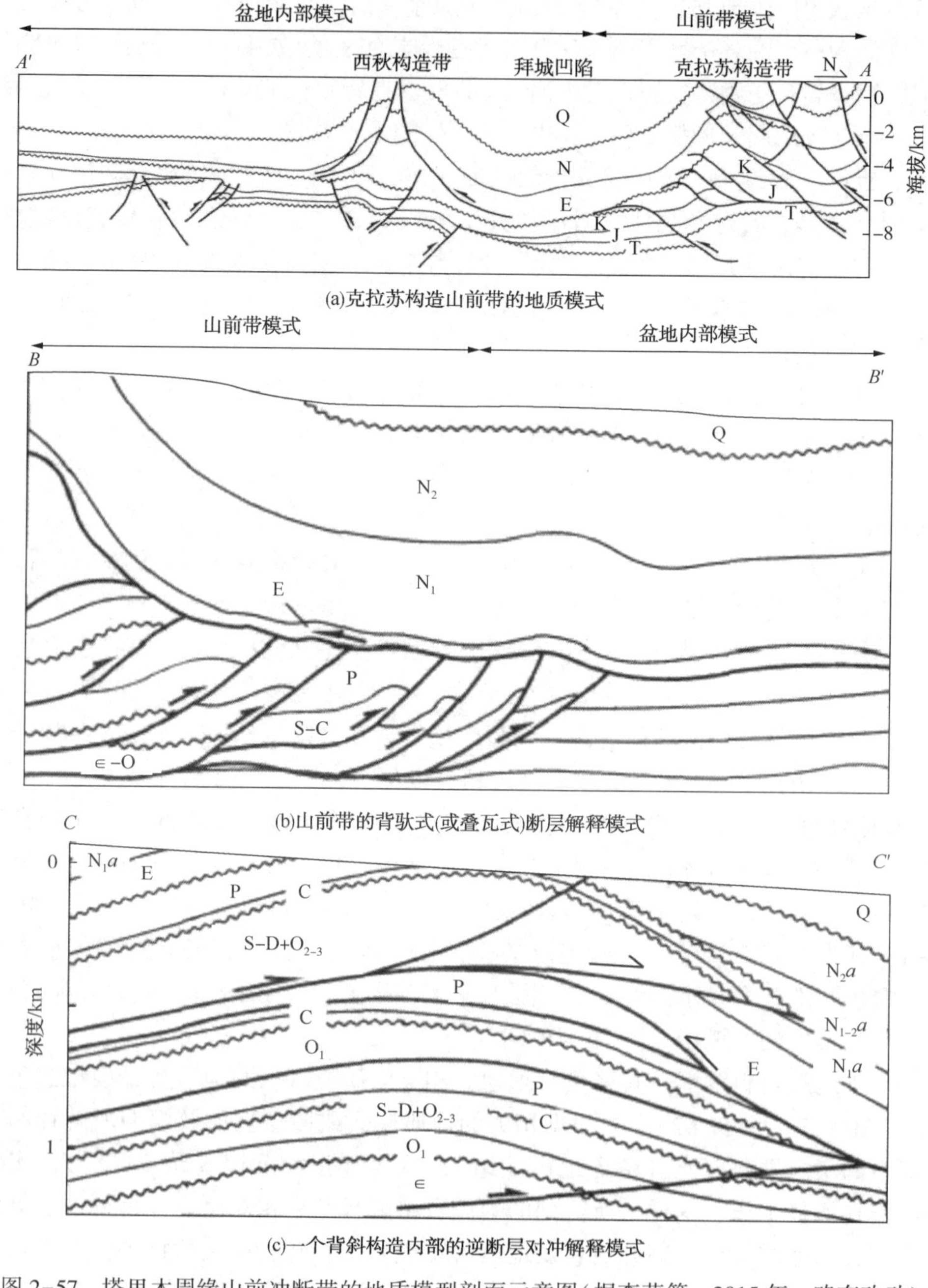

图 2-57　塔里木周缘山前冲断带的地质模型剖面示意图(据李萌等，2015 年，略有改动)

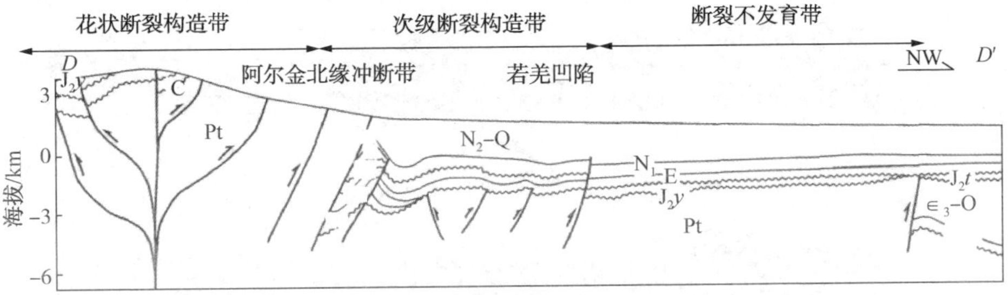

(d)山前带至盆地内部的断层规模呈减弱模式

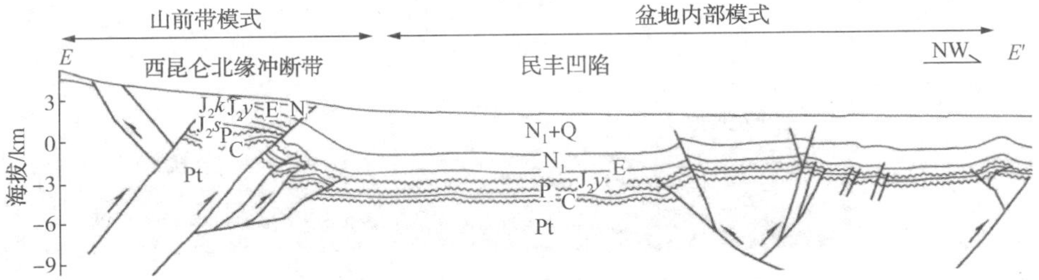

(e)山前带之冲断带解释模式及盆地内部的"洼中隆"解释模式

图 2-57　塔里木周缘山前冲断带的地质模型剖面示意图
（据李萌等，2015 年，略有改动）（续）
黑色单箭头指示断层上盘的运动方向

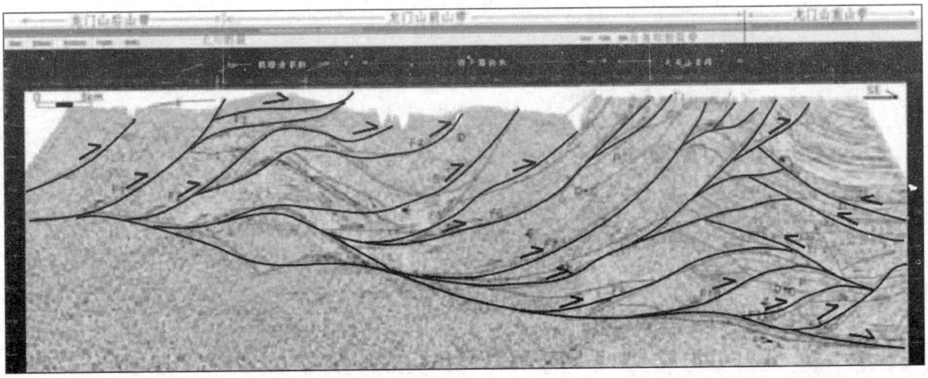

图 2-58　四川盆地龙门山北段枫顺场—天井山连片地震断层（灰黑色实线）
解释模式示意图（据李卿，2014 年，略有改动）
黑色单箭头指示断层上盘的运动方向

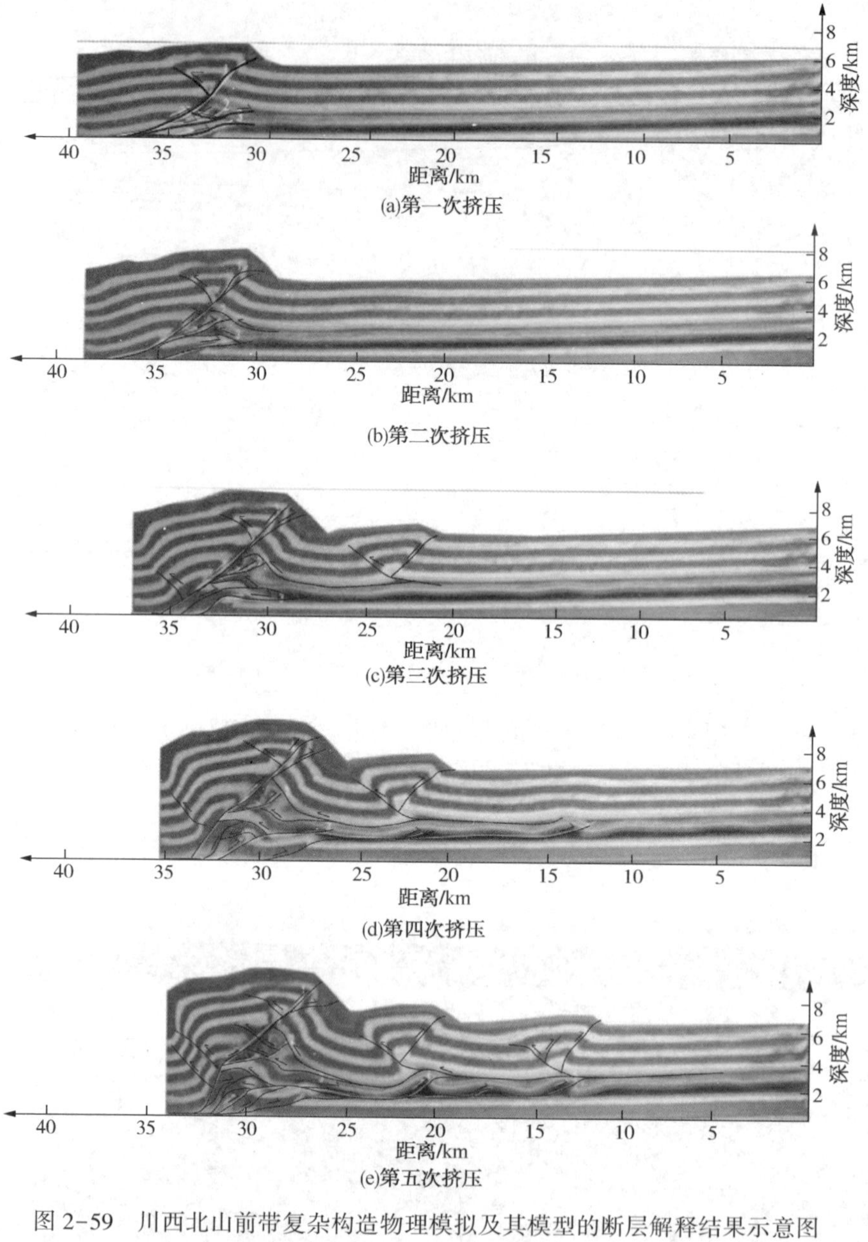

图 2-59　川西北山前带复杂构造物理模拟及其模型的断层解释结果示意图
（据张连进等，2020 年，略有改动）

物理 1 模型为层状结构，黑色及灰色层段为软质层，黑色线条位置为本次解释的断层位置，单箭头为断层的上盘运动方向

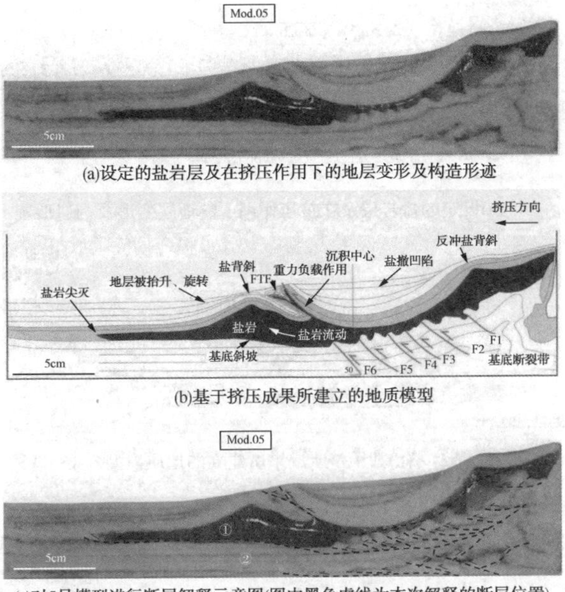

(a)设定的盐岩层及在挤压作用下的地层变形及构造形迹

(b)基于挤压成果所建立的地质模型

(c)对5号模型进行断层解释示意图(图中黑色虚线为本次解释的断层位置)

图 2-60　某勘探区的 5 号物理模型及其模型的断层解释结果示意图
（据吴珍云，2014 年，略有改动）

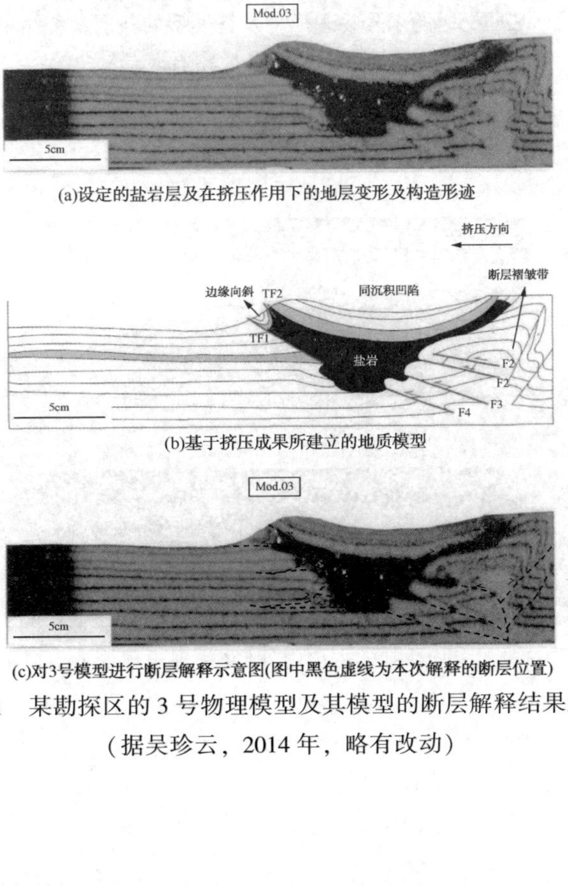

(a)设定的盐岩层及在挤压作用下的地层变形及构造形迹

(b)基于挤压成果所建立的地质模型

(c)对3号模型进行断层解释示意图(图中黑色虚线为本次解释的断层位置)

图 2-61　某勘探区的 3 号物理模型及其模型的断层解释结果示意图
（据吴珍云，2014 年，略有改动）

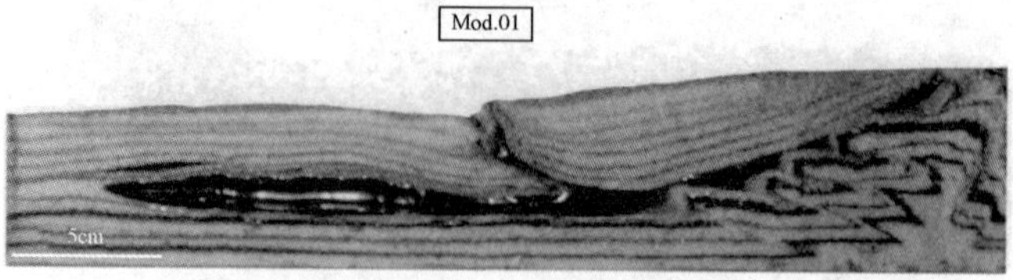

(a)设定的盐岩层及在挤压作用下的地层变形及构造形迹

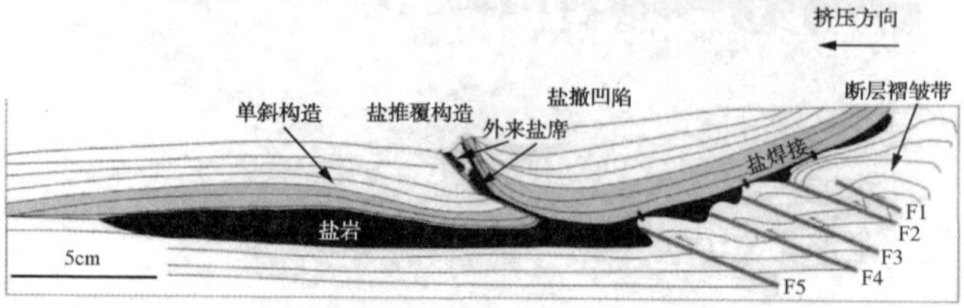

(b)基于挤压成果所建立的地质模型

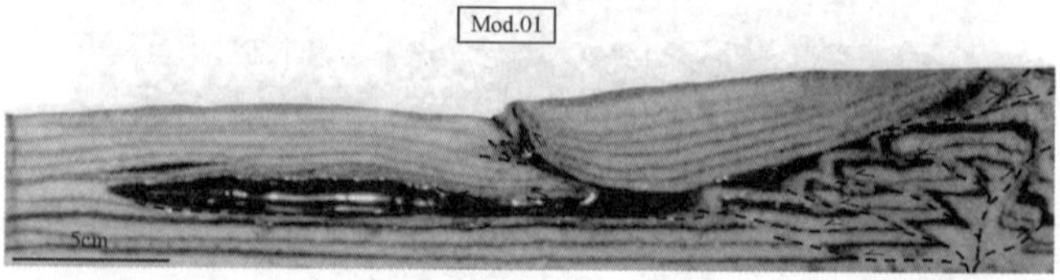

(c)对1号模型进行断层解释示意图(图中黑色虚线为本次解释的断层位置)

图 2-62　某勘探区的 1 号物理模型及其模型的断层解释结果示意图
（据吴珍云，2014 年，略有改动）

图 2-63　云南腾冲县的古火山外形(呈现出环形火山口特征)

图 2-64　广西桂林象鼻山景区内的裂缝及溶洞的关系

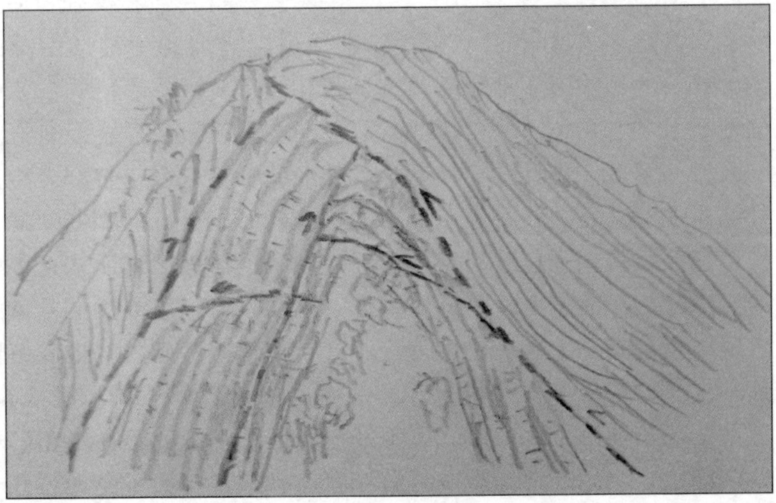

图 2-65　某地中的断背斜及其所发育的断层示意图(黑色箭头指示断层的上盘)

3 结束语

地震资料解释是一种综合性很强的工作，但最基础的是能正确识别出断点(断点相连即为断层)及层位(层位点相连即为层位)。到目前为止，解释仍处于艺术和科学的边缘，并且两者具有一定的渗透关系。在地震资料解释这个领域中，经验和丰富的知识同等重要，这需要地震资料解释者增强自身的修为。在地震资料解释的过程中，层位及断层解释相当关键(或者在地震资料解释过程中呈交互方式实施)，它会影响后续工作的进行。综合分析，地震解释也是一个发展的过程，也经历了从简单到复杂，从“粗”到“精”的历程。另外，地震资料解释在油气勘探中起着承上启下的作用，它为储层预测提供了层位及断层的数据。总的来说，其解释的准确度可能制约了储层预测的精度。

实际情况表明，地震资料解释依赖于地震资料的品质及解释员的经验。好的地震资料品质会使地质现象更为清晰，利于解释者进行判断和识别；而信噪比低的地震资料，通常会带来更多的多解性，造成解释者对地下地质情况的判断困难。当然，解释员的经验对于地震资料解释也相当重要。一个优秀的解释员应该具有丰富的地质及物探知识，并能熟练运用，也具有一定的艺术细胞及素描功底。另外，大量的解释工作经历会使解释者的经验丰富起来。解释者应该学好及能辨别各种地质现象，并对各种地质现象的响应能做出准确的判断。通过对地震资料进行构造解释，得到层位及断层数据并成图从而识别出地质构造，确定油气圈闭的目的。因此，作为一个优秀的解释员，需要具备以下方面的基础知识，并将它们有效地结合起来：①地球物理理论；②石油地质基础；③地震解释机理及地震资料处理；④计算机操作系统；⑤相关解释软件；⑥工作态度认真、积极、努力及勤恳；⑦开拓性思维、发散式思维及创新性精神；⑧不断订正解释成果及具有较高的解释境界。另外，地震资料解释者还必须掌握大量的地质知识、构造知识及艺术感、井上的测试资料等，这样才能更好地实施地震资料解释工作。

总的来说，地震资料解释还是有多解性的问题，一些多解性主要是由于地质构造及地震资料信噪比低等造成的。如对倒转构造的地震资料解释，由于地震成像问题，造成其对倒转构造的成像较差；地震资料中的低序级断层的解释问题，由于地震资料分辨率低而造成解释困难；一些地层速度变化较大的区域，也可能使其构造成像产生问题——实际的构造高点产生偏移(与地震成像的构造高点位置相比较)；此外，对于生物礁相及火山岩、泥岩等地质异常体的识别，也是考验地震资料解释者的一个问题。因此，必须增强地震资料解释者的实战经验，才能更好地处理这个问题。

地震资料解释几乎涉及所有的基础地质和石油地质研究领域。因为地震资料相对于其他的物探技术方法(磁法、电法及重力)，具有相对直观、信息量丰富的特征。多年的石油勘探经历，使得地震勘探技术越来越成熟，并具有多样化的特征。总的来说，在油气勘探开发过程中，地震资料是内容最为丰富、综合分辨率最高的钻前原始信息源。地震资料解释是许多重要学科的生长点或重要基础，并且贯穿油气勘探开发的所有环节，是地震勘探系统工程的最终环节。总的来说，地震资料解释主要影响或发展以下的几个方面：

① 地震地层学——层序地层学；

② 沉积盆地分析；

③ 油区构造解释；

④ 现代沉积理论；

⑤ 油气系统研究；

⑥ 地层岩性油气藏预测；

⑦ 油气输导体系和运聚单元分析；

⑧ 盆地温度、压力及流体场分析；

⑨ 地震勘探技术的发展。

在地震资料解释中，解释者的认识及经验是相当重要的。因此，在对解释者自我的技能培养中，要注意以下几点：

① 解释者要具备相当高的艺术功力及组织能力、审美能力。如解释者要具备一定绘画能力，这样才能画好断层及层位，并使其在剖面上显得漂亮及美观。

② 解释者要多与外部环境进行讨论及交流，提高自己各方面的知识水平。如多参加QQ、微信群里的技术交流活动(解释及储层预测交流方面)，学习别人的经验及认识，提高自己的学术水平。此外，参加一些学术组织的年会，可以和高水平的从业人员交流等并能提高自己的学术水平及见识。

③ 多看书多实践。在地震资料解释中，多做多想及多学是很重要的。多做项目，就能得到相关的解释经验，经验及认识多了就会成为一个高水平的解释者。在工作中，要积极撰写相关的学术论文或专著，这样也能提高相关的学术水平。另外，要参与野外的地质调查及学习，从而获得直观的地质认识。

参 考 文 献

[1] 胡峰，郑杰，徐苗. 山地高密度三维地震采集技术在准噶尔盆地南缘地区的应用及效果[J]. 石油地质与工程，2019，33(3)：44-48.

[2] 李东亮. 高邮凹陷侵入岩发育区复杂断块构造地震综合解释应用研究[D]. 中国石油大学(华东)，2017.

[3] 曲寿利. 典型地震地质特征图集[M]. 北京：中国石化出版社，2019.

[4] 王华忠，刘少勇，杨勤勇. 山前带地震勘探策略与成像处理方法[J]. 石油地球物理勘探，2013，48(1)：151-159.

[5] 姚晓龙，张永升，齐鹏，等. 面向复杂山前带的平滑地表 TTI 各向异性速度建模[J]. 石油物探，2020，59(4)：539-550.

[6] 赵邦六，张颖. 中国石油地球物理勘探典型范例[M]. 北京：石油工业出版社，2005.

[7] 许马光，范彩伟，张丹妮，等. 莺歌海盆地乐东 01 超高温高压气藏形成条件及成藏模式[J]. 天然气工业，2021，41(11)：43-53.

[8]苟量，张少华，余刚，等. 光纤地球物理技术的发展现状与展望[J]. 石油物探，2022，61(01)：15-31.

[9] 江同文，韩剑发，邬光辉，等. 塔里木盆地塔中隆起断控复式油气聚集的差异性及主控因素[J]. 石油勘探与开发，2020，47(2)：213-224.

[10] 江同文，昌伦杰，邓兴梁，等. 断控碳酸盐岩油气藏开发地质认识与评价技术——以塔里木盆地为例[J]. 天然气工业，2021，41(03)：1-9.

[11] 汪如军，王轩，邓兴梁，等. 走滑断裂对碳酸盐岩储层和油气藏的控制作用——以塔里木盆地北部坳陷为例[J]. 天然气工业，2021，41(03)：10-20.

[12] 郭旭升，刘金连，杨江峰，等. 中国石化地球物理勘探实践与展望[J]. 石油物探，2022，61(01)：1-14.

[13] 朱峰，代伟明，石一青，等. 江苏复杂地区可控震源采集效果及应用条件分析[J]. 石油物探，2021，60(S1)：27-41.

[14] 沙言. 是火成岩还是断层？[J]. 石油地球物理勘探，1993(04)：513.

[15] 孙家振，李兰斌. 地震地质综合解释教程[M]. 武汉：中国地质大学出版社，2002.

[16] 蔡志东，杨飚，王永生，等. 光纤井中地震技术在中国西部地区的应用[J]. 石油物探，2022，61(01)：122-131+155.

[17] 陈开远，沈林克. 塔里木盆地北部地震地层解释与油气检测[M]. 武汉：中国地质大学出版社，1993.

[18] 江民，周旭，刘依谋，等. 库车山前带高陡盐下构造三维采集技术及效果[J]. 天然气勘探与开发，2015，38(3)：35-38.

[19] 王殿举. 南堡 5 号构造东营组地震资料解释与储层预测[D]. 东北石油大学，2015.

[20] 杨克绳. 中国含油气盆地结构和构造样式地震解释[M]. 北京：石油工业出版社，2006.

[21] 胡言防，曾庆芹，张红军，等. TTI 叠前深度偏移在泥底辟构造成像中的应用[C]. //

SPG/SEG 南京 2020 年国际地球物理会议论文集（中文），2020：481 - 484. DOI：10. 26914/c. cnkihy. 2020. 014840.
[22] 吴珍云．含盐沉积盆地盐构造分析和物理模拟[D]．南京大学，2014.
[23] 孙盼科，徐怀民，尹志军．地震资料地质解释实践指导书[M]．北京：中国石化出版社，2021.
[24] 张连进，兰雪梅，王昊，等．四川盆地西北部复杂构造带深层地震资料解释关键技术及应用[J]．物探化探计算技术，2020，42(06)：724-731.
[25] 杨平，詹仕凡，李明，等．基于梦想云的人工智能地震解释模式研究与实践[J]．中国石油勘探，2020，25(05)：89-96.
[26] 徐姣，罗晶，张黎明，等. 90°相移技术在川东 W 地区茅口组储层预测中的应用[J]．天然气勘探与开发，2016，39(4)：13-17.
[27] 徐姣，孙庆莉，段杰，等. 四川盆地东部涪陵—巴南地区茅口组储层特征及预测[J]．天然气勘探与开发，2019，42(3)：86-94.
[28] 吴仕虎，郗诚，肖富森，等．蜀南地区 DTC 区块中二叠统茅口组高产气井地震响应及裂缝预测[J]．科学技术与工程，2018，18(12)：1-9.
[29] 黎荣，胡明毅，潘仁芳，等. 川中地区中二叠统断溶体发育特征及形成机制[J]．中国石油勘探，2019，24(1)：105-114.
[30] 王震，文欢，邓光校，等. 塔河油田碳酸盐岩断溶体刻画技术研究与应用[J]．石油物探，2019，58(1)：149-154.
[31] 陈康，吴仕虎，冉崎，等．井震精细标定影响因素分析及对策——以川中高磨地区震旦系灯影组为例[J]．天然气勘探与开发，2021，44(04)：23-35.
[32] 晋达，杜浩坤，孟凡冰，等．普光地区长兴组生物礁储层分布预测[J]．物探与化探，2020，44(01)：50-58.
[33]王浩，简高明，柯光明，等．四川盆地元坝气田长兴组生物礁识别与储层精细刻画技术[J]．天然气工业，2019，39(S1)：107-112.
[34] 肖毓祥，杜文博，张波，等．祁连山北缘老君庙冲断带构造几何学特征及演化[J]．北京大学学报(自然科学版)，2016，52(05)：891-901.
[35] 王新岚，梁虹，朱亚东，等．川中-川南走滑断裂展布特征及与油气成藏关系[C]．//中国石油学会 2021 年物探技术研讨会论文集，2021：964-967. DOI：10. 26914/c. cnkihy. 2021. 014643.
[36] 孙博．吐哈盆地北部山前带东段地区构造样式研究[D]．西安石油大学，2017.
[37] 孙博，张旭峰，石楠．构造建模技术在吐哈盆地北部山前带东段构造落实中的应用[J]．石化技术，2016，23(11)：148-149.
[38] 印兴耀，张洪学，宗兆云．OVT 数据域五维地震资料解释技术研究现状与进展[J]．石油物探，2018，57(02)：155-178.
[39] 王衍棠，王后金．折射波资料在北黄海盆地地震资料解释中的应用[J]．物探与化探，2013，37(01)：117-121.

[40] 肖锦泉．辽中凹陷及其邻区构造样式特征及其与油气的关系[D]．成都理工大学，2015.
[41] 卢景美．墨西哥湾深水区盐相关构造油气成藏模式研究[D]．中国地质大学(北京)，2015.
[42] 姜晓宇，宋涛，甘利灯，戴晓峰，丁骞，周晓越．散射成像在小尺度缝洞体识别中的应用——以川中古隆起灯影组为例[J]．石油地球物理勘探，2022，57(01)：206-211+212.
[43] 梁兴，王松，刘成，等．光纤传感技术在昭通山地页岩气勘探开发实践中的应用进展[J]．石油物探，2022，61(01)：32-40.
[44] 李萌，汤良杰，杨勇，等．塔里木盆地主要山前带差异构造变形及对油气成藏的控制[J]．地质与勘探，2015，51(04)：776-788. DOI：10.13712/j.cnki.dzykt.2015.04.020.
[45] 胡伟光，蒲勇，赵卓男，等．川东北元坝地区长兴组生物礁的识别[J]．石油物探，2010，49(1)：46-53.
[46] 胡伟光，范春华，杨鸿飞，等．裂缝预测与勘探[M]．北京：中国石化出版社，2015.
[47] 胡伟光，申小平，范春华，等．砂岩储层综合解释与预测[M]．北京：中国石化出版社，2015.
[48] 胡伟光．油气地震勘探[M]．北京：中国石化出版社，2017.
[49] 白桦，杨晓，熊艳，等．川中地区凉高山组湖岸线识别及致密油气有利区[J]．天然气工业，2022，42(2)：40-49.
[50] 梅文科．准噶尔盆地东缘地区二维地震解释方案研究[J]．中国石油勘探，2014，19(02)：46-52.
[51] 李卿．龙门山山前带盆山—盆岭耦合构造模式研究及油气有利区域评价[D]．成都理工大学，2014.
[52] 张连进，兰雪梅，王昊，等．四川盆地西北部复杂构造带深层地震资料解释关键技术及应用[J]．物探化探计算技术，2020，42(06)：724-731.